彩图 1　山药零余子

彩图 2　嘉祥细毛长山药

彩图 3　细毛长山药

彩图 4　铁棍山药

彩图 5　大和长芋

彩图 6　九斤黄

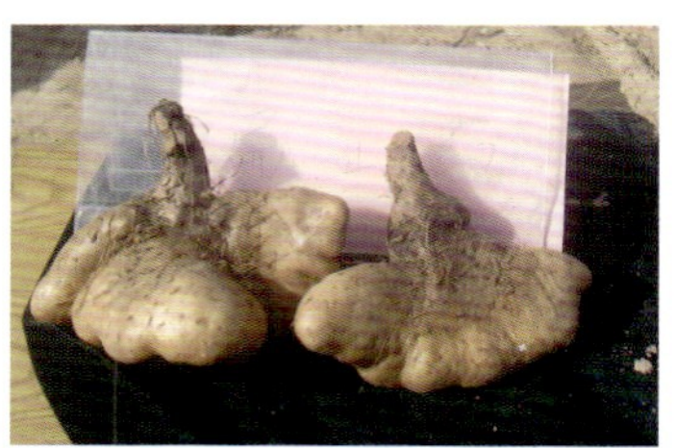

彩图 7　扁块山药

彩图 8　大久保德利 2 号

彩图 9　徐农紫药

彩图 10　麻山药

彩图 11　桂淮 2 号

彩图 12　桂淮 6 号

彩图 13　山药抗重茬栽培试验

彩图 14　山药炭疽病的叶片症状

彩图 15　山药线虫病

彩图 16　山药根腐病

彩图 17　褐斑病

彩图 18　常见金龟子成虫

（左为暗黑鳃金龟成虫；中为华北大黑鳃金龟成虫；右为铜绿丽金龟成虫）

彩图 19　金龟子幼虫（蛴螬）

彩图 20　金针虫幼虫

彩图 21　金针虫成虫

彩图 22　小地老虎成虫

彩图 23　小地老虎幼虫

彩图 24　蝼蛄

彩图 25　斜纹夜蛾成虫

彩图 26　斜纹夜蛾幼虫

彩图 27　叶蜂

高效栽培关键技术

主　编　张海燕
副主编　李爱贤　解备涛　董顺旭
参　编　王庆美　侯夫云　段文学
　　　　王红日　戴海英

机 械 工 业 出 版 社

本书由长期从事山药栽培与育种科研工作的专业技术人员编写而成，主要内容包括山药概述、山药品种、山药栽培技术、山药间套作栽培技术、山药主要病虫害及其防治技术、山药的收获储藏与加工技术等方面，突出各个栽培环节的关键知识点，以及遇到各种问题时的处理小技巧。本书设有“关键知识点”“提示”“注意”等小栏目，并附有山药高效栽培实例，可以让读者更好地掌握山药高效栽培的技术要点。

本书可供广大种植户、基层农业技术人员使用，也可作为农业院校相关专业的师生参考用书。

图书在版编目（CIP）数据

山药高效栽培关键技术/张海燕主编. —北京：机械工业出版社，2019.5（2024.4 重印）
（高效栽培关键技术丛书）
ISBN 978-7-111-62103-4

Ⅰ.①山…　Ⅱ.①张…　Ⅲ.①山药－栽培技术　Ⅳ.①S632.1

中国版本图书馆 CIP 数据核字（2019）第 037006 号

机械工业出版社（北京市百万庄大街 22 号　邮政编码 100037）
策划编辑：高　伟　责任编辑：高　伟　陈　洁
责任校对：孙丽萍　责任印制：郜　敏
中煤（北京）印务有限公司印刷
2024 年 4 月第 1 版第 3 次印刷
147mm×210mm · 4.75 印张 · 2 插页 · 131 千字
标准书号：ISBN 978-7-111-62103-4
定价：25.00 元

电话服务
客服电话：010-88361066
010-88379833
010-68326294

网络服务
机　工　官　网：www.cmpbook.com
机　工　官　博：weibo.com/cmp1952
金　书　网：www.golden-book.com
机工教育服务网：www.cmpedu.com

前言

山药，为薯蓣科一年生或多年生草本蔓生植物，以肉质根状块茎、零余子为主要利用产品，又名薯蓣、山芋、诸薯、延草、薯药和大薯等，在中药材上称之为淮山、山药、怀山药等，北方地区称之为山药、怀山药等，南方地区尤其是广西、广东等地称之为淮山。随着人民生活水平的提高，市场对山药的需求量增加，为我国山药产区农民增收提供了新的路径，也丰富了我国城乡人民食品的来源。近年来，随着山药研究的深入，我国山药新品种、新技术不断涌现，种植面积不断拓宽，全国山药种植面积由 2008 年的 300 万亩左右，发展到 2018 年的 800 多万亩，单产水平也有了较大提高。

我国山药种植区域广，历史悠久，但长期以来一直被视为小作物，属于自然性生产状态，人们缺乏对山药生产重要性的认识，也缺乏对其应有的科学系统研究和生产规划。据资料记载，在我国栽培的山药品种就有 350 多种，但山药品种名称各种各样，存在同种异名或同名异种现象，这一现状给山药的生产和科研工作带来诸多不便。另外，我国山药产区较多，各地生态环境、生产条件及种植传统存在差异，山药种植产业的发展水平也不均衡。一些地区栽培品种退化、更新缓慢、栽培管理技术落后，造成产量下降、品质变劣、商品性不佳等问题，影响了山药的销售和出口增收，极大地挫伤了农民的生产积极性。鉴于上述情形，我们组织长期从事山药栽培与育种科研工作的专业技术人员，搜集了全国各地山药高效栽培的关键技术，结合多年的工作经验和生产实际，编写了本书。旨在通过本书进一步提高我国山药高效栽培的技术水平，普及推广山药栽培关键技术，帮助广大种植者和技术人员解决一些生产上的实际问题。

需要特别说明的是，本书所用药物及其使用剂量仅供读者参考，不可照搬。在实际生产中，所用药物学名、常用名与实际商品名称有差异，药物浓度也有所不同，建议读者在使用每一种药物之前，参阅厂家提供的产品说明以确认药物用量、用药方法、用药时间及禁忌等。

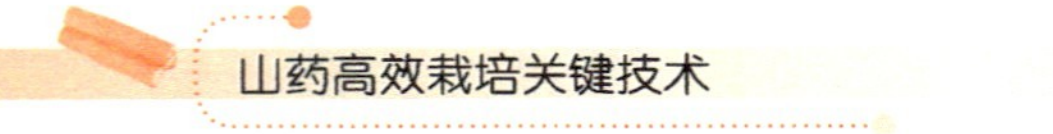

在本书编写过程中，我们查阅、借鉴了大量的相关资料，在此一并向原著作者表示衷心感谢！由于编者水平有限，书中不足和错漏之处在所难免，敬请广大读者不吝批评指正。

编　者

目录

第一章　山药概述

山药，又名薯蓣、山薯蓣、怀山药、山芋、诸薯、延草、薯药、大薯、淮山等，为百合目，薯蓣科，薯蓣属，周生翅组薯蓣及其近缘种植物的块茎，为一年生或多年生、具有双子叶植物特征特性的单子叶草本蔓生（缠绕性藤本）植物，以肉质根状块茎、零余子为主要利用产品。在中药材上称之为淮山、山药、怀山药等。在我国北方地区称之为山药、怀山药等，南方地区尤其是广西、广东等地称之为淮山。山药富含淀粉、多糖、黏液蛋白、矿物质及其他营养物质，是当前国际上最为重要的十大块根块茎类食用植物之一，年产量仅次于马铃薯、甘薯和木薯，是热带及亚热带许多国家和地区人民用以维持生计的主要淀粉类作物。许多国家都将山药列为药食两用作物。我国早就将山药和地黄、菊花、地膝一同合称为“四大怀药”。美国、英国和日本也将山药列入药典。山药因其中的直链淀粉含量高而被许多国家列为生产燃料乙醇的重要候选植物之一。

一　山药的起源与分布

山药属于高温短日照植物，起源于热带和亚热带地区，按起源地可分为亚洲群、非洲群和美洲群。主要的栽培种有 *D. opposita*、*D. alata*、*D. trifida*、*D. japonica*、*D. bulbifera*、*D. esculenta*、*D. hispida*、*D. rotundata*、*D. cayenensis* 等。各个种的栽培驯化是相互独立进行的，历史久远。经过几千年的演化和生产过程逐渐形成了多个栽培驯化中心，有中国、东南亚、西非、加勒比海及南美等栽培驯化中心，并有不断向其他国家和地区传播的趋势。关于薯蓣科植物的起源有 4 个起源和栽培中心之说：一是亚洲南部起源中心，包括我国的海南、广东、广西、云南、贵州、西藏、台湾、南海诸岛，以及印度东北部、中南半岛的热带和亚热带地区，主要食用的薯蓣属植物有参薯、薯蓣、日本薯蓣、褐苞薯蓣、甜薯等；二是亚洲中部起源中心，包括我国华北、华中、华东、华南、西南、西北、东北的部分省、自治区、直辖市，以及朝鲜、日本等，主要食用的薯蓣属植物是山药；三是非洲西部起源中心，主要食用圆薯蓣和非洲苦薯蓣等；四是加勒比海地区起源中心，包括其周边各国，主要食用加勒比薯。由此可见，我国的亚热带地区是山药的原产地和栽培驯化中心之一。在全球范围内，山药主要分布于热带和亚热带地区。美洲的南美，非洲的西非，亚洲的中国和日本等，都是山药栽培较多的地区。在我国主要分布于西南和东南各省，西北和北部地区相对较少。据联合国粮食与农业组织（2014）统计，非洲山药年产量最大，其中尼日利亚的年种植面积和产量均居世界首位。英国、法国和德国等欧洲国家将适应性极强、高光效、易栽培、病虫害少的山药视为马铃薯未来的替代作物。

山药在我国已经有 3000 多年的栽培历史，栽培驯化始于我国南方。经过长期的栽培驯化，除西北黄土高原和东北北部一些地区外，各地区的自然环境条件都比较适合栽培山药。南起海南、北至黑龙江，西自新疆、东到台湾，均可栽培山药。最近十几年，由于山药较好的栽培效益，重视程度得到提高，现已在全国范围内大面积栽培。其中有两个较大的栽培区域：一是河南、山东、江苏一带，该区域以铁棍山药、嘉祥细毛长山药、水山药、麻山药、太谷山药等长山药类型为主；二是广西、广东、江西一带，该区域以桂淮系列、瑞昌山药、南城山药等品种为主。

二 山药的营养价值

山药是粮菜兼用作物，可炒食也可煮食。山药营养丰富，自古以来就被视为物美价廉的补虚佳品，既可作为主粮，又可作为蔬菜。块茎（根状茎）富含淀粉和各种营养成分，可用来制造淀粉和各种营养食品。科学研究已经明确，山药块茎营养丰富，含有淀粉、蛋白质、无机盐和多种维生素［如维生素 B_1（硫胺素）、维生素 B_2（核黄素）、烟酸、维生素 C］等营养物质，还含有膳食纤维及胆碱、黏液质等成分（表 1-1）。山药中含有 18 种氨基酸，包含人体必需的 8 种氨基酸。其中，谷氨酸的含量最高，达 292 毫克/100 克鲜重，半必需氨基酸精氨酸的含量也较高（表 1-2）。山药中微量元素锌、铁、锰、铜、硒和常量元素钙、镁的含量也比较高（表 1-1）。

表 1-1 鲜山药（块茎）中的主要营养成分

成分名称	含量	成分名称	含量	成分名称	含量
水分	84.8%	维生素 B_1	0.05 毫克/100 克	钙	16.0 毫克/100 克
蛋白质	1.9 克/100 克	维生素 B_2	0.02 毫克/100 克	镁	20.0 毫克/100 克
脂肪	0.2 克/100 克	烟酸	0.3 毫克/100 克	铁	0.3 毫克/100 克
碳水化合物	11.6 克/100 克	维生素 C	5.0 毫克/100 克	锌	0.27 毫克/100 克
膳食纤维	0.8 克/100 克	维生素 E	0.24 毫克/100 克	铜	0.24 毫克/100 克
维生素 A	3.0 毫克/100 克	钾	213 毫克/100 克	锰	0.12 毫克/100 克
胡萝卜素	20.0 毫克/100 克	钠	18.6 毫克/100 克	硒	0.55 毫克/100 克

注：本表数据来源于韦本辉等著的《中国淮山药栽培》。

表 1-2 鲜山药（块茎）中的氨基酸含量

成分名称	含量/（毫克/100 克）	成分名称	含量/（毫克/100 克）	成分名称	含量/（毫克/100 克）
丙氨酸	83	谷氨酸	292	胱氨酸	24
缬氨酸	64	赖氨酸	61	苯丙氨酸	54
亮氨酸	114	精氨酸	169	酪氨酸	45
异亮氨酸	74	甘氨酸	52	组氨酸	27
甲硫氨酸	22	丝氨酸	115	色氨酸	28
天冬氨酸	114	苏氨酸	54	脯氨酸	30

注：本表数据来源于韦本辉等著的《中国淮山药栽培》。

另外，山药部分品种的嫩芽叶片中的营养成分也较高，可作为蔬菜食用。据韦威泰等（2004）报道，南方山药品种桂淮2号的嫩叶、芽条中的蛋白质含量可达2.82%，低于豌豆苗但高于蕹菜苗、辣椒尖、萝卜芽、佛手瓜尖和芦笋，是佛手瓜尖、芦笋的2倍多；膳食纤维含量达4.46%，比蕹菜苗、辣椒尖、萝卜芽、佛手瓜尖和芦笋等高3~8倍。将桂淮2号的嫩叶清炒，菜色鲜亮美观，菜汁为粉红色，叶片略为脆口，略有纤维感，食味甜香，与豌豆苗相似；将芽条清炒，芽条和菜汁呈紫红色，口感爽脆嫩滑，无纤维感，食味甜香；嫩叶煮汤，叶片为青绿色，脆口，食味与豌豆苗相似，汤水为粉红色，清甜，具有独特的类似天麻汤的幽香。

提示 山药不但可以炒食、煮食，部分山药品种也可以生食。广西农业科学院经济作物研究所的韦本辉研究团队，在国内率先开展了山药生食营养价值研究，部分山药品种在不经过蒸煮的情况下，直接去皮生食，营养、无毒、安全，并且容易被人体消化利用，能最大限度地利用山药的营养价值和药用价值。目前可生食的山药品种有桂淮2号、桂淮5号、桂淮6号。这3个品种营养丰富而全面，除淀粉外，还含有丰富的可溶性糖、粗蛋白质、皂苷、各种矿物质及多种氨基酸。

三 山药的保健与药用价值

山药是我国传统的药食同源食物之一，也是我国保健食品的重要原料之一。山药性平，味甘，归脾、肺、肾经，具有健脾益胃、生津益肺、滋肾养精、益肺止咳等功效，是一种优质的保健食品。山药的保健与药用价值备受关注，在我国的传统医学上，人们很早就已经认识了它的用途。山药一直被视为补中益气的佳品，是传统的延年益寿、驻颜美容的补品。《神农本草经》中记载，山药“久服耳目聪明”。《药性论》中记载，山药能“补五劳七伤，祛冷气；至腰痛，镇心气不足，患人体虚弱加而用之”。《日华子诸家本草》中记载，山药“助五脏，强筋骨，长志安神，主泄精健忘”。

山药的保健及药用价值与其成分密切相关。山药的块茎中含有薯薯蓣皂苷元、多巴胺、盐酸山药碱、多酚氧化酶、尿囊素等；还含有黏液质等活性成分，黏液中含有植酸和甘露多糖，黏蛋白的氨基酸组成全面，人体必需氨基酸的含量较高；山药中所含的胆碱具有抗肝脏脂肪浸润的作用，山药中所含的皂苷是激素的原料。因此，在中医上有山药补肾涩精之说，也是上佳的保健食品。

山药最大的特点是能够供给人体大量的黏蛋白。这是一种多糖蛋白质的混合物，对人体有特殊的保健作用，能预防心血管系统的脂肪沉积，保持血管的弹性，防止动脉粥样硬化过早发生，减少皮下脂肪沉积，避免出现肥胖。山药还能防止肝脏和肾脏中结缔组织的萎缩，预防结缔组织病的发生，保持消化道、呼吸道及关节腔的滑润。山药中的黏多糖物质与无机盐结合后可以形成骨质，使软骨的弹性增加；所含的消化酶有促进蛋白质和淀粉分解的作用。对身体虚弱、精神倦怠、食欲不振、消化不良、虚劳咳嗽、遗精盗汗，或患有妇女白带、糖尿病等多种疾病的人，山药无疑是一种营养补品。山药块茎中的多糖可刺激和调节人类免疫系统，因此常作为增强免疫能力的保健药品使用。山药中的多糖对环磷酰胺所导致的细胞免疫抑制有对抗作用，能使被抑制的细胞免疫功能部分或全部恢复正常。山药还能加强白细胞的吞噬作用。

除了上述作用外，山药中的铜离子与结缔组织对人体发育有极大帮助。山药中的钙，对伤筋损骨、骨质疏松和牙齿脱落有极高的疗效。此外，山药还有抗肿瘤、抗突变、促进肾脏再生修复、调节酸碱平衡等作用。现代药理研究证实，山药具有营养滋补、诱生干扰素、增强机体免疫力、调度内排泄、补气通脉、镇咳祛痰、平喘等功效，能改善冠状动脉及微轮回血流，可治疗慢性气管炎、冠芥蒂和心绞痛等。铁棍山药具有补气润肺的功用，既可切片煎汁当茶饮，又可切细煮粥喝，对虚性咳嗽及肺痨发热患者都有很好的治疗效果。春季天气较枯燥，易伤肺津，招致阴虚，出现口干、咽干、唇焦、干咳等病症，此时进补山药最为适合，因山药是安然平静之品，为滋阴养肺之上品。山药是山中之药，食中之药。不仅可做成保健食品，而且具有调理疾病的药用价值。《本草纲目》指出，山药治诸虚百损、疗五劳七伤、去头面游风、止腰痛、除烦热、补心气不足、开达心孔、多记事、益肾气、健脾胃、止泻痢、润毛皮，生捣贴肿、硬毒能治。

第二章　山药的生长发育

第一节　山药的生长发育过程

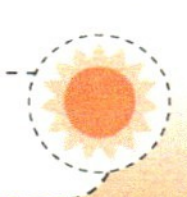

关键知识点：

1）掌握山药种薯的萌发规律：一般从播种到出苗时间为20～35天。山药栽子出苗时间为15～30天，山药段子比山药栽子晚10～15天。零余子在收获后，必须经过4～6个月的休眠才能成熟，具有生根发芽的能力。因此，在生产实际中要创造适宜的萌发条件，选好种薯，注意播种深度和保温，加强发芽期管理，以提高发芽率和培育壮苗。

2）掌握山药的生育期划分：山药的生长阶段分为苗期、甩条发棵期、枝叶生长盛期、块茎生长盛期、生育后期、成熟期和休眠期，生产上应根据山药的生长发育规律，合理进行田间管理。

山药的生育期因品种和地域的不同而有所不同。山药种植时期一般为3～4月，出苗后，靠地上部茎叶进行光合作用，制造养分供整个植株生长，10～12月枝叶慢慢衰老，遇霜后枯萎停止生长，进入收获期。关于山药结薯特性，南北方存在明显差异，北方品种出苗后，苗薯同时生长；南方品种，先长苗，再结薯，一旦结薯，其块茎伸长和膨大速度相对较快。

不同地区山药品种的生育期差异明显。在我国南方地区，山药的生育期相对较长，一般为200～270天。例如，广西大多采用春种冬收的方式，即每年2～4月种植，当年11月～第二年2月收获；而在无霜区，一般7～8月种植，第二年3～4月收获。北方地区，山药块茎的膨大始期为5月中旬～6月中旬，6月中旬～7月中旬为膨大初期，7月下旬～9月上旬为膨大盛期，9月中旬～10月上旬为膨大后期，生育期为180～200天。例如，河南在4月中旬播种，5月上旬出苗，5月中下旬达全苗，6月中旬主蔓生长最快；地下茎形成期为5月底，地下茎快速生长期为6月底，现蕾期为6月中旬，地上部分停止生长期为7月下旬，块茎收获期为10月下旬～11月上旬，生育期约200天。

一 山药种薯的萌发

山药的茎有3种：地上茎、零余子和地下块茎。地上茎是上架的茎蔓，是山药真正的茎；零余子是地上茎叶腋间生长的变态茎，俗称山药豆，也叫珠芽或空中块茎；地下块茎就是我们平常所吃的山药，也是茎的变态，地下块茎的位置和形态各不相同。

注意 在3种茎中，只有地下块茎和零余子是山药的繁殖器官。

在山药生产中选用山药栽子（山药块茎头部）、山药段子（块茎切段）和零余子作为种薯。种薯萌发是指种薯不定芽或顶芽萌发出土，隐芽或顶芽萌动出苗，同时长出吸收根的过程。在栽培上，一般从播种至出苗所需的时间为20～35天。

1. 山药栽子的萌发

山药栽子播种后，一般先发芽后生根，温度、水分适宜时，5～7天可见顶芽凸起，15～30天便可出苗。在顶芽萌动后，在其基部一般会生出7～12条粗壮的初生根，根的直径为1.5～3毫米，继续生长，很少再增粗。在土壤中，山药根的生长速度快于主茎，主茎萌发出土前，初生根即可伸长至15厘米以上。

山药栽子（图2-1）是山药块茎头部带有潜伏芽的一段，有顶芽，是山药块茎的最先端，具有明显的顶端优势，发芽快，根和芽均较粗壮，是最容易萌发的部分。栽子在栽培过程中，有逐年变细变长的趋势，多年连续使用栽子作为种薯会导致产量下降。

注意　一般栽子连续使用3～4年后就需要更换。

图2-1　山药栽子

2. 山药段子的萌发

山药段子（图2-2）是山药块茎的切段，一般切块大小为5～6厘米，重50～100克。山药段子播种后15天左右不定芽萌出，萌动后的不定芽在土里的生长速度如同栽子的顶芽一样缓慢，出苗比山药栽子晚10～15天。山药萌发早期的营养供应来源于山药段子，离茎端越近的山药段子，发芽越早，最前边的一个段子要比最后边的一个段子早发芽1个月。山药段子播种后，温度和湿度适宜的条件下，3～4周可长出7～12条吸收根，此后，山药段子吸收根的生长发育特性同山药栽子。

图2-2　山药段子

为缩短山药块茎在田间的生长周期，增加块茎产量，可于早春在室内温床上进行山药段子催芽后再播种，一般当薯块上有白色芽点出现时（长度不超过 1 厘米），即可定植，这样做不但提高出苗率和出苗质量，而且提前催芽缩短了山药在田间的萌发时间。

注意 山药块茎表皮上分布有芽眼，分切时，应注意不损伤皮层，以免影响萌芽。山药段子不宜切得太小，一是保证薯块营养体，避免因苗势弱、抗性差而影响产量；二是块茎太小易腐烂，导致不出苗。山药段子切面要用药水消毒，或者蘸草木灰、生石灰，以减少病菌的侵染。

3. 零余子的萌发

山药零余子（彩图 1）是腋芽的变态，也是侧枝的变形，称为地上块茎，也叫气生块茎或珠芽，普通称为山药豆。零余子呈椭圆形，长 1 ~2.5 厘米，直径为 0.8 ~2 厘米，褐色或深褐色，一般生长在茎蔓的第 20 节以后，而且多发生在山药主茎或侧枝顶端向下第 3 节的叶腋处。成熟的零余子表皮粗糙，最外面一层是较干裂的木栓质表皮，里面是由木栓形成层形成的周皮。从外部形态上可以看到有像马铃薯块茎上一样的芽眼和退化的鳞片叶，而且顶芽埋藏在周皮内，但从外观看不易察觉。这与地下块茎是相似的，均没有明显的节。

影响零余子萌发的因素有内因和外因。内因主要是零余子的生理状态、营养成分和活力等，外因主要有温度、水分和氧气。

零余子收获后，必须经过 4 ~6 个月的休眠才能成熟，具有生根发芽的能力。山药喜温，播种的地温要求为 10 ~12℃，地温达到 13℃以上才能发芽，发芽的最适温度为 22 ~25℃。零余子播种后，先生根后发芽，大约在 1 周后生根，3 周以后才能出土。幼苗出土后，先展叶，然后茎蔓才逐渐伸长。水分对零余子的萌发很重要，过高或过低均对萌发不利，过高易导致种薯腐烂，过低则无法满足种薯萌发的要求。氧气则影响种薯的呼吸作用，从而影响物质转化和能量供应，影响发芽。因此，在生产实际中要创造适宜的萌发条件，选好种薯，注意播种深度，注意保温，加强发芽期管理，以提高发芽率和培育壮苗。

注意 刚采收的零余子是不能作为种薯的。因为零余子中含有一种特殊物质——山药素，这是其他部分所没有的。山药素也只在零余子的皮中才有，这种物质可抑制生长和促进休眠。零余子需要经过一个成熟期或层积期才能萌发。在皮层成熟后，山药素含量最多，完全休眠后，随着层积时间的延长，山药素的含量逐渐下降。

二 生育前期

山药生育前期主要依靠种薯中储存的养分进行萌芽、生根和长叶，包括苗期生长和甩条发棵期生长，随着生长的进行，当地下长出吸收根，地上藤蔓长出 5～6 片成熟叶片时，植株就可以独立生长。

1. 苗期

山药苗期生长的营养主要靠山药种薯的养分供应，我国山药产区大多在 4 月中旬播种，约经过 2 个月的时间植株才有独立生长的能力。正常情况下，山药播种后 20～30 天即可萌芽出土。

北方品种幼苗出土后，初生根开始向斜下方伸长生长，与地面的夹角为 20°～30°，但伸长的速度不如出苗后的主茎伸长速度快（2 厘米/天），所以当主茎的高度达 1 米时，其根的长度仅为 40 厘米左右。与此同时，根系会产生分枝根，而且随着根系的伸长，不仅侧根的数量增加，而且侧根上也会再产生一级侧根、二级侧根。出土的幼苗一般为 1 条主茎，但有些类型也有 2～3 条甚至 5～6 条主茎。在生产上，一般每株只保留 1 条主茎，多余的茎蔓应及时去除。初生出土的幼苗呈绿色、浅绿色、紫绿色或紫红色，含水量高，可支撑茎直立生长 0.5～1 米。当主茎生长 15 天左右，长度达 1～2 米时，开始长出第一片叶片，然后陆续放叶生长，根系和地上部主茎生长的同时，在主茎的基部也会开始形成新山药块茎原基，进入块茎启动期。

南方品种略有不同，日本薯蓣与薯蓣一样，幼苗生长至 0.5～1 米时，幼茎上叶片尚未生长，在每个节上看到出生叶片的地方有 2 片托叶；当主茎生长 15 天左右，其长度达 1～2 米时，开始长出第一片叶片，然后陆续放叶生长。日本薯蓣及参薯等品种的苗期生长特性与薯蓣品种完全不同，薯蓣品种一边长苗一边结薯，而日本薯蓣及参薯等品种在生长前期只长苗，不结薯，参薯一般在出苗后很快展开叶片，并且叶片宽大。

提示 从山药幼苗开始出土到叶片形成并展开的这段时期为苗期，有15天左右的时间。苗期的长短受基因型和环境共同控制。

2. 甩条发棵期

甩条发棵期以茎、叶及根的生长为主，地下块茎初步形成。6月中旬前后，山药的主茎完成生长，约3.5米长，开始长出分枝。随主茎伸长、叶片增多，到6月中旬，第一片叶进入功能期，地下根系的生长量达到全生育期的60%~80%，初生根也基本完成生长，一般长80~120厘米，根尖入土深度为30~50厘米。在山药甩条发棵期，顶端分生组织逐渐分化成熟，先形成幼小块茎的表皮，表皮内有基本组织，基本组织中有散生维管束，块茎的肥大就是靠顶端分生组织细胞数量的增加和体积的不断增大来完成的。当形成可以用肉眼看到的明显的地下白褐色山药块茎雏体时，甩条发棵期结束。这个时期，山药植株的生长虽然有叶片光合作用供应养分，但仍不能全靠叶片供应，仍需种薯继续供应养分。山药甩条发棵结束之时，山药种薯的养分可以迅速转化以供应山药植株生长，也可供山药块茎生长。

此期根、茎、叶均迅速生长，块茎原基发育形成肉眼可见的小块茎，开花品种进入生殖生长时期，主茎上部开始现蕾，对水分、肥料特别是氮素需求较多，供应充足有利于山药早生快长。如果此期缺乏氮肥，会对山药的藤蔓生长不利。在枝叶生长的同时，环境温度逐渐升高，也进入病虫害发生期，对幼嫩枝叶造成危害，需要注意防治。

放叶到叶片完全展开进入叶片功能期的时间为7~10天，标志着山药苗期结束，进入甩条发棵期，即从苗期到现蕾期叫作甩条发棵期，为藤蔓快速生长时期，时间为40~50天，结束时藤蔓布满支架。

提示 种薯为下一代植株生长提供近4个月的养分，因此，种薯的大小对山药产量的影响甚大。叶片光合作用制造的养分供应植株生长，使山药具备独立生长的能力，约需60天的时间。

三 生育盛期

山药生长盛期包括枝叶生长盛期和块茎生长盛期。从播种起，山药经过2个月的生长，种薯80%的养分已被消耗，其主茎和吸收根均已长到足够的长度，此后，地下吸收根及主茎生长变慢，进入块茎迅速膨大的时期，营养生长和生殖生长齐头并进，这是山药一生中最重要的生长发育时期，大约需要3个月的时间。

1. 枝叶生长盛期

南方品种枝叶生长盛期从出苗后50天左右开始，持续时间达60~80天，在适宜的生态环境开始结薯、伸长。而北方品种枝叶生长盛期从播种后50天左右开始，历时30~40天，主要靠叶片的光合作用制造养分，供应茎叶生长，生出侧枝（单株有20~50个分枝），长成零余子，现蕾开花，地下块茎伸长变粗，生产上应注意追肥。

2. 块茎生长盛期

山药在经历枝叶生长盛期后，茎枝伸长和出叶的速度都大大减慢，地上部枝、叶的重量基本达到最大值，叶片光合能力进入高光效时期；山药的生长中心开始转移到地下部块茎，块茎进入迅速伸长期和膨大期。大量的光合作用产物将迅速运转到地下部的块茎。这些养分既促进了分生组织细胞迅速分裂，增加细胞的数量和体积，又可使大量的养分在储藏器官块茎中储藏积累，这一时期长达50天。南方品种一般在长日照转入短日照、日温差逐渐加大后由伸长膨大进入块茎生长盛期。

提示 块茎生长盛期是山药产量形成的重要时期，也是肥水需求最大的时期，保持土壤疏松、湿润及肥料充足是获得山药高产的关键。同时，此期正处于高温高湿环境，山药易遭受病、虫危害，需要加强防控，以保持叶片正常生长和光合产物积累。

四 生育后期

山药后期生长主要是指块茎生长盛期后，块茎的生长不再以细胞分裂和伸长为主，而是进入营养物质积累充实的时期。

山药生育后期，主要是以营养物质积累为主，茎叶处于停止生长状态，叶片光合产物主要供应零余子和地下块茎，零余子迅速膨大，逐步充实成熟，地下块茎迅速积累淀粉。当块茎停止生长后，尖端逐渐变成钝圆，皮色加深，黏液、淀粉及其他内容物充实块茎。生育后期可形成10%～15%的山药产量。

注意 山药生育后期需要充足的肥水供应以维持吸收根的活力，从而保证营养物质转化和转运。施入的肥料养分要充足，防止茎叶早枯及病虫害的发生，同时也要控制氮肥的施用量，防止藤蔓徒长。

五 成熟期

山药成熟期的标志主要体现在地上枝叶的正常老化、枯黄和落叶。

山药进入成熟期，茎叶枯黄，逐渐失去活力，细根逐渐枯萎，吸收养分的能力很弱，有零余子的山药品种开始出现零余子脱落。研究表明，风山药叶色变浅后，叶片重量逐渐下降，到成熟时每片叶的干重仅为0.128克，叶片重量减少了近12%。

提示 山药不耐寒，轻微的霜冻可使山药叶片出现烧灼症状，持续霜冻可使植株枯死。收获期遇到霜冻还易引起地下块茎腐烂，不耐储藏，影响产量和品质。因此，栽培山药，应根据本地气候情况，合理安排播种期，在生长期内尽量避开霜期，及时收获。

六 休眠期

山药一般没有实生种子，无法利用种子进行繁殖。田间栽培一般用零余子或地下块茎进行繁殖，但零余子和地下块茎都有休眠期，没有经过充分休眠的零余子和地下块茎都不能用于繁殖，即使播种也不会萌芽。

野生山药多是在入冬后地上部分枯萎，地下部分休眠，第二年开春后地下块茎的头部重新萌发形成地上藤蔓，随着地上部分生长，地

下块茎逐渐萎缩、腐烂，随后新藤蔓会在地下长出新的块茎。

零余子和块茎进入休眠期，能忍耐低温，休眠期的山药块茎能忍耐－15℃的低温，但休眠期过后，块茎耐低温能力就大大减弱。所以，山药可以在冬季田间越冬储藏，只要表土采取一定的保温措施，使上部的山药嘴子不受冻，山药在土壤中就不会受冻，可在田间度过休眠阶段。

第二节　山药生长的环境条件

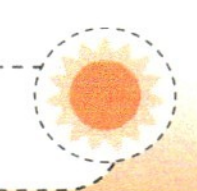

关键知识点：

掌握山药生长对温度、水分和营养等条件的需求。不同生育期对温度、水分等条件的要求有所不同，应严格把握，满足其所需。

一　光照

经研究表明，山药的光补偿点约为670勒，单叶光饱和点约为38000勒。山药群体的光饱和点较单叶高，在50000勒时还没有测出山药群体的光饱和点，这是因为光照强度增加时，山药群体上层的叶片虽然已经达到光饱和点，但是下层的叶片的光合作用仍会随着光照强度的增加而增加，所以群体的总光合强度还在上升。因此，在山药种植时，适当把支架的高度提高，加强山药藤中、下部叶片的光照强度，有利于提高山药的产量。

山药生长发育需要良好的光照条件，其块茎积累养分也需要充足的光照。因而，在山药栽培上，一般不宜与玉米等高秆作物间作。

提示　山药属于短日照作物，喜强光照，在弱光照条件下，光合能力显著降低。在一定范围内，日照缩短，花期提前。短日照对地下块茎的形成和膨大有利，叶腋间的零余子也在短日照下产生。

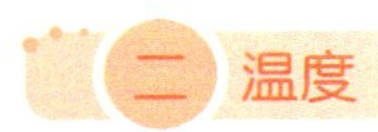

二 温度

山药生长的温度范围为10～35℃。不同生育期对温度的要求不同，发芽的最适温度为16～18℃，茎、叶生长的最适温度为25～28℃，地下块茎形成和膨大的最适温度为20～24℃。昼夜温差对山药块茎的生长十分有利。昼夜温差为8～10℃时最利于山药的伸长、膨大及干物质的积累。山药播种适宜地温为10～12℃。我国南方一般在3月下旬开始播种，播种期可以延续至6月中旬；北方在4月中旬开始播种，5月上旬完成播种。山药栽培过程中，应根据地域特点，合理安排好茬口，适当将播种期提前，在保证播种质量的前提下，延长生育期。

山药对气候条件要求严格，轻微霜冻可使山药叶片出现烧灼症状，持续霜冻可使植株枯死。收获时期，遇到霜冻容易引起地下块茎腐烂，不耐储藏，影响产量和品质。因此，应根据山药产地的气候条件，合理安排播种期，在生长期内尽量避开霜期；品种选择方面，也要因地制宜，合理选用，无霜期长的地区可选用生育期较长品种，无霜期较短的地区则应选择早熟品种。

提示 山药属于喜温作物，生育适温为20～30℃，15℃以下不开花，10℃块茎可以萌发，1℃不受冻，地上部茎叶不耐霜冻，温度降至10℃以下时植株停止生长，在0℃的低温环境中短时间内就会死亡。

三 水分

不同生育期的山药对水分的要求不同。山药萌发期生长量较小，需水量相对较小，但由于根系尚未完全形成，对水分供应比较敏感，如果土壤过于干旱，则延缓出苗和生长，导致缺苗；如果遇上连续低温阴雨天气，容易造成种薯腐烂、缺苗。

山药生育前期需水量不大，一般不需要浇水。生育盛期是山药需水量最大的时期，也是山药对水分供应最敏感的时期，需水量占总需求量的60%左右，缺水严重则影响产量。

生育后期正值气温由高温转向低温、由雨季转向旱季，山药地上部分生长逐步缓慢，地下块茎继续伸长膨大，块茎干物质快速积累和充实。此时期，山药对的水分需求量小于生长中期，但是，也必须保持一定的水分供给，一方面维持地面生长需求，更重要的一方面是维持地下块茎生长对水分的需求。

山药萌发期应保持土壤湿润、疏松透气，干旱时适时浇灌，渍水时及时排水，以保证齐苗全苗，利于山药发芽和扎根。在块茎形成和伸长膨大的过程中，土壤的水分含量过高对块茎生长不利，土壤渍水，透气性差，不利于块茎的膨大，影响产量和品质，严重时会造成块茎腐烂。生育后期，为保证山药块茎的正常充实和维持根系活力，土壤的水分含量不宜过高，不能渍水，注意及时排除田间积水，避免因土壤水分含量过高而影响土壤的通透性，影响薯条伸长，甚至引起各种病害，导致山药的产量和品质降低。

提示 水分在山药生长中起着重要的作用，是山药对养分吸收和运输的溶剂。山药叶片的正反两面都具有较厚的角质层，抗蒸腾能力较强，尽管如此，水分匮缺将严重影响山药的产量和品质。

四 土壤

土壤是山药生长发育的基础。山药生长最适宜的土壤条件是土层深厚、疏松肥沃、有机质含量较高、排水良好的壤土和沙壤土。

山药生育盛期，应保持土壤疏松透气，以利于山药结薯膨大，薯条光滑，提高单产。大的土块容易使块茎须根增多，薯块表面凹凸不平，薯块扁，易分杈，商品性差，影响加工和食用。低洼地、盐碱地不适宜种植山药。山药连作会导致土壤线虫病严重，影响产量。黏性较大的黄壤土、红壤土传统方法种植山药产量不高、薯形差、商品性低，可利用螺旋钻头旋磨，保持土壤疏松，以获得较高的产量和良好的商品性。

五 养分

山药的生育期较长，需要吸收多种营养元素保证其正常生长发育，其中包括氮、磷、钾、钙、镁、硫、锌、铁、硼和铜等矿物质元素，氮、磷、钾是山药生长需求量最大的元素，也是土壤中最容易缺乏的元素。

氮可促进山药茎叶迅速生长，延缓叶片衰老，维持生长后期叶片的光合作用，促进块茎营养物质的积累，但生育盛期氮素过多易引起茎蔓徒长，不利于地下块茎的生长和块茎物质的积累，造成产量和品质下降。磷可促进山药根系生长、块茎形成和碳水化合物积累，加速茎叶分化；缺磷表现出茎叶生长缓慢，叶片小，块茎生长慢，产量低。钾是山药生长发育和块茎形成中的重要元素，也是需求量最多的元素，钾促进块茎形成与膨大，尤其在山药生育盛期和生育后期，为保证叶片合成的物质向块茎运输和储藏，需要大量的钾，生产上需要追施钾肥。山药缺钾时，地上茎蔓生长缓慢，抗病能力下降，产量低。氮、磷、钾三大营养元素是山药生长发育的重要元素，一般每生产 1000 千克的山药，需吸收氮 4.32 千克、磷 1.07 千克、钾 5.38 千克。

山药不同生育期对氮、磷、钾的需求量不同。生育前期，生长量相对较小，氮、磷、钾的需求量较小。相对而言，此期氮的需求量较磷、钾多，保证充足的氮量有利于山药茎蔓的生长；生育盛期，尤其在块茎生长盛期，山药地上茎蔓和地下块茎迅速生长，氮、磷、钾的需求量最大，特别是磷肥和钾肥，若缺磷肥和钾肥，不利于块茎的伸长膨大；生育后期，山药地上部茎蔓生长速度减缓，对氮的需求量减少，对磷、钾的需求量仍较多。

提示 山药进入生育盛期和生育后期，应注意氮肥、磷肥、钾肥的配合施用，控制氮肥，防止茎蔓生长过旺，重施钾肥，以促进块茎的膨大和物质积累。

第三章　山药的分类和品种

关键知识点：

1）要根据当地的气候和土壤条件，选择合适的山药品种。北方地区无霜期较短，宜选择生育期短的山药品种，如细毛长山药、铁棍山药、大和长芋、水山药和牛腿山药等；南方地区生育期较长，结薯较晚，适宜品种有瑞昌山药、红藤、南城药薯及桂淮系列。

2）部分山药品种的地区性要求较高，多作为地方品种来进行推广应用，如山西的太谷山药和梧桐山药、河南的怀山药、济宁的米山药、江苏的九斤黄和无架双胞山药、山西省平遥县的平遥山药。

第一节　山药的分类

山药是薯蓣科薯蓣属植物。我国薯蓣资源丰富，已有研究表明，薯蓣属植物共有49种，目前习惯上的叫法及分类比较混乱。我国栽培的山药大致可分为普通山药和田薯2个种。

一　传统与形态学分类

我国栽培的山药属于亚洲群，可分为普通山药和田薯2个种，每个种又分为3个变种。

1. 传统分类

（1）普通山药　普通山药又名家山药，茎断面呈圆形，无楞翼，可分为3个变种。

1）佛掌薯：块茎扁，形似脚掌，如江西的脚板薯、重庆的脚板苕芋。

2）棒山药：块茎呈短圆棒形或不规则团块状，如浙江的黄岩薯药、台湾的圆薯等。

3）长山药：块茎长30～100厘米，横径为3～10厘米，如河北的武陟山药、河南的怀山药、山东济宁的米山药。

（2）田薯 田薯又名大薯、柱薯，在我国主要分布于台湾、广东、广西、福建和江西等地。茎具棱翼，叶柄短，叶脉多为7条，块茎很大，有的重达40千克以上。

2. 形态学分类

无论普通山药还是田薯，按其块茎的形态分为扁块种、圆筒种和长柱种3个类型。

（1）扁块种 块茎扁，形似脚掌，适合在浅土层及多湿黏重土壤栽培。该类型包括普通山药的佛掌薯变种和扁块状田薯，如广东的葵薯、福建的银杏薯和江西南城的脚板薯等。

（2）圈筒种 块茎呈短圆棒形或不规则团块状，主要分布于长江以南地区。该类型包括普通山药的棒山药变种和圆筒形田薯，如台湾的白圆薯，广州的早白薯、大白薯，广西的苍梧大薯等。

（3）长柱种 茎呈长柱形，主要分布在华北地区，要求深厚土层和沙壤土。该类型包括普通山药的长山药变种和长柱形田薯。块茎形状也有3个类型，如台湾的长白薯，长赤薯，广州的黎洞薯，江西广丰的千金薯和牛腿薯等。

二 植物学分类

韦本辉等（2013）将可食用及栽培利用的薯蓣属植物统称为山药，按照植物学分类主要分为以下几下种：甜薯［*Dioscorea esculenta*（Lour.）Burkill］、参薯（*Dioscorea alata* Linn.）、薯蓣（*Dioscorea opposita* Thunb.）、褐苞薯蓣（*Dioscorea persimilis* Prain.）、日本薯蓣（*Dioscorea japonica* Thunb.）等。

1. 甜薯

草质藤本。茎及叶背都有刺。单叶，茎下部叶片互生，中上部叶片对生。叶片为绿色或浅绿色，心脏形。块茎先端有多个分枝，各分枝末端膨大形成卵球形或椭圆形块茎，外皮为浅黄色，块茎上毛根较多。肉质块茎煮熟后食用有甜味。甜薯原产于亚洲东南部，我国广东、海南及广西均有分布。在广西合浦、钦州和防城等地栽培的鸡蛋薯、甜薯、毛薯均属于该种。

2. 参薯

草质藤本。茎右旋，有 4 条茎翅，茎基部偶有刺。单叶，茎下部叶片互生，中上部叶片对生。叶片为绿色，顶叶为绿色或紫红色、浅紫色。叶片呈阔心形，基部呈心形或深心形。块茎变异类型丰富，有长圆柱形、球形、扁圆形和扇形，或者有各种分枝。块茎外皮为褐色、黑褐色、紫红色或紫黑色，断面为白色、浅黄色、紫色或浅紫色。参薯原产于孟加拉湾北部和东部，在我国分布于西藏、云南、四川、贵州、浙江、江西、湖北、湖南、广东和广西等地，此外东南亚、太平洋热带岛屿、非洲、美洲均有分布。此类型的山药地上部生长旺盛，块茎产量高，如桂淮 5 号、桂淮 6 号、桂淮 7 号、桂淮 8 号、徐农紫药、徐农白药及脚板薯等均属于该种。

3. 薯蓣

草质藤本。块茎呈长圆柱形，垂直生长，长可达 1 米多，鲜薯断面为白色或略带浅黄色。茎无毛，右旋，常为紫红色或带紫红色。单叶，下部叶片互生，中部以上叶片对生，少数分枝上的叶 3 叶轮生。叶片变异大，有卵状三角形、宽卵形或戟形，先端渐尖，基部呈宽心形、深心形、戟形，叶缘常三出浅裂至三出深裂，中间裂片呈卵状椭圆形至披针形，侧裂呈片耳状，圆形、长圆形。叶腋内常有珠芽。雌雄异株。雄花序为穗状花序，偶尔呈圆锥状排列，雄蕊有 6 个。雌花序为穗状花序，1 ~ 3 个着生于叶腋。蒴果不反折，呈三棱状扁圆形或三棱状圆形；种子着生于每室中轴中部，四周有膜质翅。花期为 6 ~ 7

月，果期为 8～9 月。中原及北方产区的品种大多属于该种，如铁棍山药、怀山药、麻山药、水山药、嘉祥细毛山药、大和长芋、济宁米山药、陇药 1 号、新铁 2 号和牛腿山药等。该品种在我国分布于东北及河北、河南、山西、湖北、安徽、山东、江苏、浙江、甘肃、陕西、江西、湖南、四川、贵州、云南、福建、台湾、广西等地，日本和朝鲜也有分布。

4. 褐苞薯蓣

草质藤本。块茎呈长圆柱形，垂直生长，外皮为棕黄色、黄褐色，薯肉为白色。茎右旋，无毛，干时为红褐色。单叶，下部叶片互生，中部以上叶片对生。叶片为纸质，呈卵形、三角形、长椭圆状卵形，先端渐尖或凸尖，基部呈心形、深心形、箭形或戟形。雌雄异株，雌雄花序均为穗状花序。蒴果呈三棱状扁圆形，种子着生于每室中轴中部，四周有膜质翅。该品种在我国分布于云南、贵州、湖南及广东，广泛分布于广西，广西常见的野生品种多属于该种，主产于桂南、桂中、桂西经桂北至桂东北，生于石山或土山灌丛中。

5. 日本薯蓣

草质藤本。块茎呈长圆柱形，垂直生长，外皮为棕黄色、棕褐色，薯肉为白色或带浅黄色。茎为绿色，有时带浅紫红色，右旋。下部叶片互生，中部以上叶片对生。叶片为纸质，叶形变异大，下部叶及主茎上的叶片较宽大，上部叶及侧枝上的叶片较狭窄，通常呈三角状披针形、长椭圆状狭三角形，先端渐尖，基部呈圆形、微心形、心形、箭形或戟形。叶腋内常有珠芽。雌雄异株。雄花序为穗状花序，雄蕊有 6 个。雌花序为穗状花序。蒴果不反折，三棱状扁圆形或三棱状圆形；种子着生于每室中轴中部，四周有膜质翅。花期为 6～7 月，果期为 8～9 月。日本薯蓣原产于我国南方地区，分布于安徽、江苏、浙江、湖北、湖南、江西、贵州、四川、福建、广东和广西。该品种在广西全境均有分布，如桂平、陆川和容县等多年种植的地方品种及桂淮 2 号、桂淮 9 号等均属于该种。

三　按照生育期长短分类

1. 早熟品种

生育期短，成熟期早，从播种到收获需 160～170 天，一般 9～10 月收获上市。主要品种有广西黑鬼薯、广东早白薯等。

2. 中熟品种

生育期中等，从播种到收获需 180～210 天，一般 10 月～12 月上旬上市。主要品种有桂淮 5 号、桂淮 7 号，以及大和长芋、铁棍山药等大部分北方品种。

3. 晚熟品种

生育期较长，从播种到收获需 220 天以上，一般 12 月～第二年 3 月收获上市。主要品种有桂淮 2 号、桂淮 6 号、桂淮 9 号及广西各地栽培的地方品种。

第二节　山药品种

一　北方山药品种

北方山药品种大多属于薯蓣种，极少数为参薯。北方山药品种生育期较短，地上部茎蔓生长量相对较小，叶片较小，具有结薯时间早、苗薯共长的特性。

1. 嘉祥细毛长山药

嘉祥细毛长山药（彩图 2）为山东济宁地方品种，主要产地在嘉祥县，当地称为明豆子。该品种茎蔓为紫绿色，蔓长 3～4 米。叶片为绿色，卵圆形，先端呈三角形，锐尖。叶腋间着生零余子，呈深褐色，椭圆形，长 1.5～2.5 厘米，直径为 0.8～1.2 厘米。雌雄异株，花为浅黄色。地下块茎呈长圆柱形，长 80～110 厘米，直径为 3～5 厘米，重 400～600 克。块茎外皮薄，表面有细毛，呈黄褐色，有红褐色斑痣。块茎肉质细、面，味香甜，适口性好，菜药兼用。鲜薯产量达

1500～2000千克/亩（1亩≈667米^2），高产地块在2500千克/亩以上。用块茎或零余子繁殖。冬季按沟距100厘米、宽20～25厘米、深80～120厘米开沟，第二年春季将土和肥料填入沟内，浇水，做畦。4月中下旬于畦内开沟，按株距15～18厘米栽植，种植密度为2500～4000株/亩。出苗后搭架，架高1米。栽植后结合浇水追肥2次，霜后刨收。

2. 细毛长山药

细毛长山药（彩图3）又名鹅脖子，在江苏北部、河北南部和山东西南部种植较多。该品种生长势强，蔓长3米以上，紫绿色，分枝多，叶腋间着生零余子。叶大而厚，呈深绿色，基部呈戟形，缺刻小，先端钝。叶柄长，叶脉有7条，基部两条叶脉各有一个分枝。基部叶片互生，分枝上的叶片多对生。穗状花序。块茎呈圆柱形，栽子细而长，达25～30厘米，表皮为褐色，瘤多，须根多而长。肉为白色，质地紧实，黏液少。单株块茎重约1千克。适宜的种植密度为3000～4000株/亩，鲜薯产量达2000～2500千克/亩。

3. 铁棍山药

铁棍山药（彩图4）为河南焦作地方品种，又名怀药、怀参、怀山药，也是“怀山药”中的顶级品种，因此有“四大怀药山药为首，怀药家族铁棍至尊”的说法。该品种块茎形似铁棍，密布细毛，色褐兼红，质坚粉足，入水久煮不散，手持两根撞击，铿锵作响而不易折断，故得名铁棍山药。该品种在河南沁阳及焦作、山东菏泽、陕西华县等地种植较多。该品种生长势较强，茎右旋，呈黄绿色，有棱，较细，至成熟时呈微紫色，茎蔓长2.5～3米，茎基部分枝多；叶片为黄绿色，基部呈心形且较小，叶片长4～7厘米、宽3～5厘米，边缘三出浅裂；下部叶片互生，中上部叶片对生；叶脉为黄绿色，较浅，基出脉7条；叶柄为黄绿色，较细。叶腋上着生零余子，呈柱形或椭圆形，光滑，个头较小。雌雄异株，单性花，穗状花序，花小，雌花序长8～18厘米，1～2个着生于叶腋。蒴果为肉质，呈三棱状圆形，长0.9～1.2厘米、宽0.8～1.2厘米，外被白粉。每果有3室，正常每室有种子2粒。花期为7~8月，种子成熟在10月。块茎呈圆柱形，粗细均匀，细长，一般块茎长0.5~0.9米，直径为1~2厘米，密布细毛，为棕黄色或浅黄色，质地较硬，形似铁棍，有暗红色不规则斑痕，断面细腻而白，黏液少。煮食后干、腻、甜、香，有药味，无麻辣感，富含果胶、皂苷、甘露多糖、植酸、多巴胺、蛋白质、氨基酸及多种微量元素等。铁棍山药的生育期为200天左右，产量达1000千克/亩左右。

栽培时应选择土层深厚、肥沃、排水良好的沙壤土，前茬为禾本科作物或蔬菜的地块种植。轮作期在5年以上，才能保证铁棍山药的品质与产量。在清明与谷雨间，地表温度为16℃左右时开始栽种，按行距80厘米，沟深60~80厘米、沟宽20~25厘米整地，种植密度为4000~5000株/亩。播种前施足基肥，出苗后及时搭架引蔓，生长盛期，注意排水防涝和病虫害防控。霜降至立冬间开始采收。

4. 大和长芋

大和长芋（彩图5）属于长山药品种，根状块茎肉质的颜色比水山药更白，因此又名白山药、日本白山药、日本长山药，原产于日本，现主要集中在江苏、山东、河南、安徽地区，是目前我国山药出口的一个主栽品种，销往日本、韩国及东南亚等国家。该品种的茎蔓呈圆形，褐绿色，右旋，茎粗0.7~1.0厘米，蔓长3~5米，分枝较少。单叶，茎下部叶片互生，中上部叶片对生，极少轮生；基部叶片呈圆心形，长5~10厘米，宽5~9厘米，中上部叶片呈三角状卵心形，长4~8厘米，宽3.5~4.5厘米，先端渐尖，基部呈心形，三出浅裂；叶柄长3~8厘米。叶腋间结有零余子。块茎呈长圆柱形，表皮光滑，外观匀称，须根多，根为深褐色，表皮为黄褐色，光洁鲜亮，断面为白色，肉质致密。干物率达16%~18%，可溶性糖的含量达1.2%，淀粉含量为10%~12%，蛋白质含量为2.2%，氨基酸含量为1.3%左右。蒸熟食用质地面软，口感较好，可做菜用和药用，也可以加工成干片。该品种块茎长0.8~1.0米，直径为3~5厘米，单株重1.5千克以上，鲜薯产量达1800~2300千克/亩，高产可达3000千克/亩。大和长芋的生育期为160天左右，为中早熟品种。该品种忌连作，栽培时选择土层深厚、肥沃、排水良好的沙壤土，前茬为禾本科作物或蔬菜的地块种植。冬季按行距80～90厘米，沟深60～80厘米、沟宽20～25厘米整地，种植密度为4000～4500株/亩。播种前施足基肥，出苗后及时搭架引蔓，生长盛期注意排水防涝和病虫害防控。

5. 水山药

水山药原为江苏沛县、丰县地方品种，又名杂交山药、菜山药、花籽山药、凤山药，是当地农民于1965年从毛山药中一株不结零余子的自然变异株中选育而成的。现已成为江苏、山东、河南、安徽地区的主栽品种，占该地区山药栽培面积的60%以上。该品种生长势强，蔓长3～4米，茎细，右旋，无棱，褐绿色，偶带紫色条纹，无毛。单叶，下部叶片互生，中部以上叶片对生，少数3叶轮生。叶片长4～8厘米、宽3～5厘米，基部呈宽心形。雌雄异株，雄花序为穗状花序，长4～6厘米，1～2个着生于叶腋，偶尔呈圆锥状排列；花序轴明显，呈之字状曲折；苞片和花被片有紫褐色斑点；雄花的外轮花被片呈宽卵形，内轮呈卵形，雄蕊有6个。雌花序为穗状花序，1～3个着生于叶腋。蒴果不反折，三棱状圆形，长1.8～2.2厘米，绿色。种子着生于每室中轴中部，四周有膜质翅。水山药块茎的干物含量较低，淀粉含量少，含水量高，炒食或生食较脆甜，是做菜的好材料，所以又称菜山药。水山药的块茎呈长圆柱形，垂直生长，可长至1.1～1.7米，直径为5～7厘米，表皮较光滑，黄褐色，断面干时为白色。皮薄毛稀，少瘤，肉质脆，易去皮加工，商品性好。单株重2千克左右，重者达7～8千克。鲜薯产量达3000～4000千克/亩。栽培时选择土层深厚、松软肥沃的沙壤土，按行距80～100厘米，沟深120～160厘米、沟宽20～25厘米整地，种植密度为3000～3500株/亩。水山药的含水量大，播种前应适当晒种，用多菌灵500倍液、粉锈宁1000倍液等药剂处理，晾干后即可播种。

提示 水山药的叶小而薄，蒸发量小，所以在干旱条件下比其他山药有生长优势，较抗旱，长时间干旱应适时浇水；下雨时要及时排水，防止田间积水或渍水。生长期间注意炭疽病和青枯病的防治。

6. 牛腿山药

牛腿山药是辽宁省农业科学院园艺研究所育成品种，目前在山东泰安、宁阳等地种植面积较大。该品种蔓生，主茎呈四棱形，长 2.2 ~ 2.4 米，直径为 0.5 厘米左右，节间长 5.5 ~ 6.0 厘米。侧枝有 12 ~ 16 条，长 30 ~ 40 厘米，节间长 3.5 厘米左右。叶片对生，基部叶片大，上部与侧枝叶片小；茎节叶腋处着生零余子。穗状花序，花序长约 17 厘米，每个花序有 6 ~ 8 朵浅黄色小花，在 7 月中下旬开花，不结实。肉质根有 12 ~ 15 条，平均根长 100 厘米，直径为 0.12 ~ 0.15 厘米，水平生长。块茎长 50 ~ 75 厘米，直径为 5.0 ~ 6.5 厘米，块茎直，末端平圆，纺锤形，表皮为黄褐色，表面光滑，根痕为深褐色，根瘤较少，须根稀少、较细；肉色白，质脆；单株块茎重 0.6 ~ 0.9 千克，干物率为 17.0% ~ 18.0%。该品种可用于鲜食和加工，鲜薯产量为 2000 ~ 2700 千克/亩。栽培时选择干燥、排灌方便、土层深厚、土质疏松、肥沃的沙壤土。播前深耕土壤，沟深 66 厘米、沟宽 40 厘米。结合耕地施优质的腐熟有机肥 5000 千克/亩、磷酸二铵 50 千克/亩、尿素 20 千克/亩、硫酸钾 20 千克/亩作为基肥。茎蔓长 7 ~ 8 厘米时，选留 1 条健壮的蔓，其余的去除。茎蔓长 30 厘米时，及时搭架引蔓，架高 1.5 米。生长期间，视苗情施 1 次提苗肥，尿素用量为 15 千克/亩；6 月进入块茎膨大期，再追 1 次肥；8 月上旬根据生长势结合病虫害防治用 1% 尿素加 0.3% 磷酸二氢钾进行叶面施肥，每 10 天喷施 1 次，连续喷施 3 ~ 4 次。10 月上旬 ~ 第二年 4 月上旬均可收获，若年后收获，冬季可在垄上覆土 20 ~ 25 厘米，以防受冻。

7. 太谷山药

太谷山药原为山西太谷地方品种，后传入河南、山东等地。该品种植株生长势中等，茎蔓为绿色，长 3 ~ 4 米，有分枝。叶片为绿色，基部呈戟形，缺刻中等，先端尖锐。叶脉有 7 条，叶片互生，中上部叶对生。雄株叶片缺刻较大，先端稍长；雌株叶片缺刻较小。叶腋间着生零余子，个体小，产量低，直径为 1 厘米左右，椭圆形。块茎呈圆柱形，不整齐，较细，长 50 ~ 60 厘米，直径为 3 ~ 4 厘米，畸形较

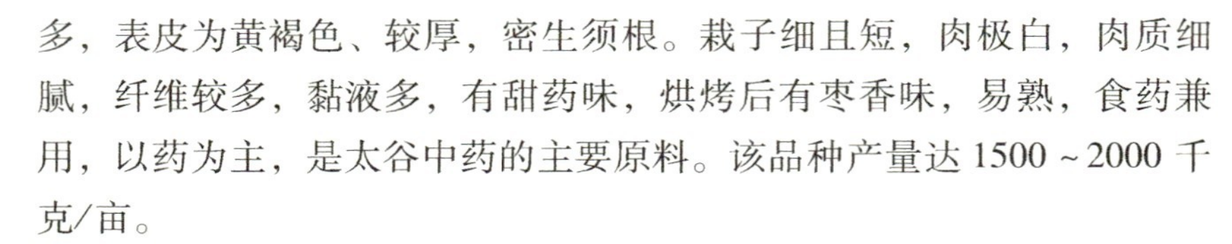
多，表皮为黄褐色、较厚，密生须根。栽子细且短，肉极白，肉质细腻，纤维较多，黏液多，有甜药味，烘烤后有枣香味，易熟，食药兼用，以药为主，是太谷中药的主要原料。该品种产量达1500～2000千克/亩。

8. 梧桐山药

梧桐山药原为山西孝义梧桐乡地方品种，后引种到河南、山东等地。该品种植株生长势强，茎蔓为绿色带紫色，右旋，多分枝，长3.0～3.5米。叶片呈心形且带缺刻，绿色，较小，先端长而尖锐。叶柄较长，叶脉有7条，下部叶片互生，中上部叶片对生，片间有轮生。块茎呈圆柱形，长50～80厘米，直径为4～6厘米，表皮为褐色，栽子细且短（8～13厘米）。零余子多且大，长1.5～2.0厘米，直径为0.8～1.5厘米，带甜味。肉极白，黏液多，有甜药味，食药兼用。该品种适宜在沙壤土或黏壤土中种植，产量为1500～2000千克/亩。

9. 怀山药

怀山药为河南地方品种，在河南温县、博爱、沁阳和陕西华县等地种植较多。该品种为多年生缠绕性草本，植株生长势强，茎蔓右旋，呈紫色，圆形，长2.5～3米，多分枝。其叶片比普通山药叶片小一半以上，绿色，基部呈戟形，缺刻小，先端尖，叶脉有7条。下部叶片互生，中上部叶片对生，叶腋间着生零余子。块茎呈圆柱形，栽子粗且短，长10～17厘米，表皮为浅褐色，密生须根，肉白，质紧，久煮不散，并有中药味。块茎长80～100厘米，直径在3厘米以上。单株块茎重0.5～1千克，适宜做山药干。怀山药为深根性植物，以土层深厚、疏松肥沃、排水良好的沙壤土为宜，挖沟栽培的适宜密度为4000～4500株/亩，产量达1500～2500千克/亩。

10. 济宁米山药

济宁米山药为山东济宁地方品种，生长势中等。主茎长2～3米，分枝较多；叶片较小，呈戟形，叶脉有7条，茎基部叶片互生，中上部叶片对生或轮生；叶腋间着生零余子。块茎呈圆柱形，长80厘米左右，直径为2～5厘米，表皮为浅褐色，皮薄，须根少，肉白，黏液多，单株块茎为0.5～1千克。选择土质肥沃、土层深厚、保肥保水力强、通气性好、排灌方便的沙壤土种植。冬前挖沟，沟深80～110厘米，沟宽20～25厘米，行距100厘米；早春解冻后回填土，先填生土，后填熟土。结合整地施腐熟有机肥4000～5000千克/亩，氮磷钾复合肥30千克/亩，50%多菌灵可湿性粉剂80克/亩，90%敌百虫晶体200～250克/亩，混合施于土壤表层30厘米。播前把切好的栽子先用50%多菌灵可湿性粉剂500倍液浸泡5分钟，捞出后在阳光下晾晒3～5天。一般在4月上旬，当10厘米地温稳定在10℃以上时开始播种。先在畦中央开10厘米深的沟，顺沟撒施氮磷钾复合肥4～5千克/亩作为种肥。将山药栽子顺向摆放在沟中央，芽向上，株距15～20厘米，覆土7～8厘米，垄两边用脚踩实，以防浇水时塌沟。苗高25厘米时，搭“人”字架，架高180厘米。该品种适宜的种植密度为6000～6600株/亩，鲜薯产量为1200～2000千克/亩。

11. 九斤黄

九斤黄（彩图6）又名九金黄、久金黄，是从水山药中选育出的高产、抗病新品种，属于长山药或巨型山药品种，块茎个体较大，主要集中在江苏、山东、河南、安徽地区，也是苏北地区的主栽特色山药品种之一，有逐年代替水山药的趋势。该品种块茎一般可重达9斤（1斤=0.5千克），皮色为金黄，茎为褐绿色，右旋，无毛。单叶，茎下部叶片互生，中部以上叶片对生，少数3叶轮生；叶片较小，叶片为深绿色，基部呈宽心形，叶片三出深裂，中裂片狭长，先端渐尖，侧裂片呈耳状、长圆形。雌雄异株。雄花序为穗状花序，1～2个着生于叶腋；花序轴明显，雄蕊有6个。雌花序为穗状花序，较短，1～3个着生于叶腋。种子着生于每室中轴中部，四周有膜质翅。花期为8～9月，果期为9～11月。块茎粗大，长圆柱形，长1.1～1.8米，粗5～8厘米，单株重3千克左右，重者达7～8千克。九斤黄是高产品种，一般鲜薯产量为3500～4500千克/亩。表皮光滑且细毛少，皮色常为金黄色，肉质为白色。该品种耐重茬，抗病性强，尤其对炭疽病和枯萎病有较强的抗性。栽培时选择土层深厚、松软肥沃的沙壤土或壤土。

按行距 1.0～1.1 米，沟深 1.2～1.6 米、沟宽 20～25 厘米整地，种植密度为 2000～2500 株/亩。

注意　九斤黄含水量大，播种前应适当晒种，并用生石灰粉或超微代森锰锌等药剂处理，晾干后即可播种。

12. 无架双胞山药

无架双胞山药是江苏启东农民许兆康育成的短蔓山药品种，主要集中在苏中沿江、沿海淤积平原地区栽培，占当地山药栽培面积的 70% 以上。该品种属于短蔓不搭架双胞山药，短蔓地爬，块茎“双胞”生长，80% 的植株都能结出 2 根山药块茎。无架双胞山药属于短山药品种，生育期为 160 天左右，为中早熟品种。无架双胞山药易于繁殖，采用无性繁殖，将块茎切分成小块催芽，各个种段先后均会出芽，不仅遗传性状稳定，而且繁殖率极高，1 千克块茎当年即可扩繁 50～100 千克。块茎长 50～65 厘米，呈圆柱形，易采挖，单根重 500～1000 克，最重可达 1500 克。品质极优，块茎肉质细腻、黏滑，刨皮后自然存放，其雪白肉质数天不变色。烹制菜肴，易酥不烂，营养丰富。短蔓易种，主茎长到高 40 厘米左右时，由嫩梢开始自然萎缩，逐渐团伏地面，从而促使分枝旺盛生长，分枝多达 7～8 条，蔓长 50～60 厘米，仅为普通山药的 1/6 左右，匍匐地面，抗风保墒，无须搭棚，既省材料又省人工，并且宽行种植，播前少深翻，节约工本，增加收入。该品种鲜薯产量达 2500～3000 千克/亩。栽培时选择土层深厚、肥沃、排水良好的沙壤土，前茬为禾本科作物或蔬菜的地块种植。冬季按行距 80～90 厘米，沟深 60～80 厘米、沟宽 20～25 厘米整地，种植密度为4500～5000 株/亩。

13. 平遥山药

平遥山药为山西平遥地方品种，植株生长势中等，茎蔓为绿色，长 3～4 米，呈圆形，有分枝。叶片为绿色，戟形，缺刻中等，叶片互生，中上部叶片对生。雄株叶片缺刻较大，先端稍长；雌株叶片缺刻较小。叶腋间着生零余子，个体小。栽子细且短，肉质白且细腻，纤维较多，黏液多，有甜药味，烘烤有枣香味，易熟，熟后性绵，食药兼用。块茎粗且长，肉质肥厚，直径为2~7厘米，外皮为黄褐色，须根较粗。产量为2500千克/亩，高产田可达3000千克/亩。生育期为180天左右，属晚熟品种。栽培时选用土层厚、疏松肥沃、向阳、排水良好、地下水位较低、pH在6.0~8.0的沙壤土种植。

14. 扁块山药

扁块山药俗称灵芝山药、脚板薯、佛手等，块茎外形极不规则，为各种形状的五股八杈形，似银杏树叶，像脚板，或者为下宽上窄的酒壶状（彩图7）。北方地区有零星种植，主要分布在胶东半岛一带，包括大久保德利2号和农大扁山药1号等品种。该品种品质好，营养价值高，适应性强，抗病性好，在我国适合种长山药的地区都可以种植。例如，大久保德利2号（彩图8）引自日本，块茎扁如扇面，干物率比长山药高，富含淀粉、蛋白质和黏液质，口感绵而面，适口性好。由于块茎较短，种植和收获都省工，目前主要用于深加工出口。鲜薯产量为1500~2000千克/亩。

15. 小白嘴山药

小白嘴山药是河北省传统麻山药品种之一，原产于河北安国。该品种干物率高，肉质细嫩，食用口感好，是麻山药中的极品，明清年间是朝中贡品，在河北石家庄、邢台和保定等地种植较多。小白嘴山药生长势较强，茎为浅绿色，圆形且有棱，右旋、较细，至成熟时为深紫色，蔓长3.0 ~3.5米，距地面1.5米处易长分枝。叶片为绿色，三角形，长6~10厘米、宽4~8厘米。叶腋间着生零余子，呈椭圆形，直径为0.5~3.0厘米。雌雄异株，单性花，穗状花序。块茎呈圆柱形，粗细均匀，长0.5~1.2米，直径为1.2~3.0厘米。表皮光滑，棕黄色或浅黄色，有不规则紫色斑点。质地较软，断面细腻且白，黏液多。小白嘴山药为中晚熟品种，生育期为180天左右。鲜薯产量为2500~3000千克/亩，块茎又细又长。栽培时选择土层深厚、肥沃、排水良好的沙壤土，注意轮作倒茬。秋季或开春按行距60厘米，沟深1.0~1.2米、沟宽80厘米开沟整地，种植密度为10000~12000株/亩。播种前施足基肥，施腐熟圈肥10米^3/亩，或者生物有机肥500千克/亩，复合肥 40～50 千克/亩。

16. 徐农紫药

徐农紫药是 2006 年江苏徐州农业科学研究所引进、筛选、脱毒、提纯复壮获得的山药新品种。该品种叶色光亮，无茸毛，出苗 30 天后变为绿色，叶茸毛中等，叶色绿，叶脉为浅紫色，叶缘为紫褐色。茎蔓生，四棱茎，绿色，右旋，平滑无毛，茎尖缠绕。不开花，生有须根。块茎繁殖，一年生栽培，生育期为 180 天左右，为中晚熟品种。块茎呈长纺锤形至短柱形，表皮为紫褐色，肉质柔滑，紫色亮丽，比普通白山药面、沙，并且黏丝短（彩图 9）。该品种较耐储藏，易运输，抗重茬，中抗叶斑病和早期落叶病。徐农紫药属于短型山药品种，不择土壤，不需挖深沟，有较强的适应性。垄作地不搭支架，栽培用工少，成本低，适于全程机械化作业。块茎肥大，直径为 10～13 厘米，长 28～40 厘米，单株 2～3 块，单块重 0.5～0.65 千克，商品率在 85% 以上，鲜薯产量为 1500～1750 千克/亩。一般在 4 月底～5 月初翻耕，起垄，垄宽 85 厘米。栽前将种薯进行切块、浸种、晒种、播种、覆膜，种植密度为 3300 株/亩。生态覆盖栽培可不搭架，或者待蔓长至 30～50 厘米时搭人字架，10 月中下旬割蔓收获。

17. 徐农白药

徐农白药是 2006 年江苏徐州农业科学研究所引进、筛选、脱毒、提纯复壮获得的山药新品种。该品种叶色光亮，无茸毛，出苗 30 天后，叶茸毛中等。茎蔓生，四棱茎，绿色，右旋，平滑无毛，茎尖缠绕。块茎繁殖，生育期为 180 天左右，为中晚熟品种。皮色、肉色均为白色，出土见光 2 天后皮色变为暗褐色。肉质柔滑，比普通白山药面、沙，黏丝多而长。该品种较耐储藏，抗重茬，中抗叶斑病和早期落叶病，无须挖深沟种植，适应性较强。垄作地可不搭支架，栽培用工少，成本低，适于全程机械化作业。块茎肥大，直径为 9～14 厘米，长 28～30 厘米，单株 2～3 块，单块重 0.5～0.7 千克，商品率在 85% 以上，种植密度为 3300 株/亩，鲜薯产量达 1750～2000 千克/亩。

18. 新铁 2 号

新铁 2 号是由河南温县现代农业科学试验站、河南省农业科学院

经济作物研究所，利用铁棍山药经系统选育而成的。该品种生长势强，茎蔓呈圆形，绿中带紫，右旋，长3~4米，多分枝。叶片为绿色，心形，缺刻浅。叶腋间着生零余子。茎块呈圆柱形，表皮为褐色，密生须根，毛眼凸出，块茎肉白、久煮不散，长60~80厘米，直径为2~3厘米，单株块茎重200~300克，茎块表皮具有铁棍山药特有的典型红色斑痣。中抗炭疽病和叶斑病。适宜在河南地区栽培种植，鲜薯产量为1500千克/亩，整齐度好，商品率高。栽培时用腐熟有机肥1500~2000千克/亩和三元复合肥50千克/亩作为基肥；在气温回暖时（3月中下旬）播种，选择100克左右的种薯播种，种植密度为4500~5500株/亩。

19. 棒山药

棒山药为河北地道的麻山药品种，河北保定潴龙河流域主栽品种，是国家地理标志产品，在河北石家庄、邯郸和保定等地种植较多。该品种生长势强，茎为深紫色，圆形，蔓长3.0~3.5米，易长分枝。叶片为深绿色，三角形，长10~15厘米、宽8~10厘米。叶腋间着生零余子，零余子呈圆形，直径为1~3厘米。雌雄异株，单性花，穗状花序。块茎呈圆柱形，长0.5~0.8米，直径为2~5厘米，表皮光滑，棕黄色或浅黄色，上端长有细毛，断面白，黏液多。中晚熟品种，生育期为180天左右。该品种品质好，鲜薯产量达3000~5000千克/亩。秋季或开春按行距60厘米，沟深80~100厘米、沟宽80厘米开沟整地，种植密度为5500株/亩左右。播种前施足基肥，施圈肥10米^3/亩或生物有机肥500千克/亩，复合肥40~50千克/亩。出苗前及时搭架引蔓，竹竿高2.5米。生长期间注意炭疽病和茎基腐病的防治。

20. 陇药1号

陇药1号是甘肃省农业科学院旱地农业研究所从甘肃平凉市崆峒区平凉山药群体中经过连续提纯选育而成的，属于晚熟品种，适宜在海拔1500米以下的地区栽培。茎呈圆棱形，主茎及分枝基部为红褐色，分枝末端及幼嫩时的主茎为绿色。叶多呈戟形，先端渐尖，基部呈深心形，深绿色；薯块呈长圆柱形，长40~80厘米，单株薯重

0.42~0.68千克，表皮为土黄色，块茎须根较少，鲜薯断面为白色，肉质细腻，黏度高。块茎可溶性总糖含量和粗淀粉含量较低，粗蛋白质含量高。该品种较抗炭疽病和褐斑病。栽培时选择土层深厚、土质肥沃、微酸性至中性的土壤。播前深耕土壤，结合耕地施优质的腐熟有机肥4000千克/亩、磷酸二铵20千克/亩、氯化钾10千克/亩作为基肥。陇药1号适宜的种植密度为3500株/亩，鲜薯产量为1600千克/亩。

21. 麻山药

麻山药是河北蠡县地方品种，在河北高阳、安国也有大量栽培。该品种茎蔓细长，呈绿色或紫绿色。叶片对生或三叶轮生，呈三角状卵形，绿色。叶腋间着生零余子，大而多。块茎呈圆柱形，长60~70厘米，最长可达80厘米，直径为7~8厘米。表皮为暗褐色，粗糙（彩图10）。须根较长，粗而密。块茎单重280克，外形好，皮厚，质地细软，含水分多，肉白，品质好。生育期为180天左右。鲜薯产量为2200千克/亩，栽插前，施足基肥，做畦，行距为60~80厘米，株距为15~20厘米，开沟后将种薯放入沟内，覆土，苗高15厘米时搭架。

22. 群峰山药

群峰山药属于长山药变异的一个新品系，由辽宁鞍山千山区（旧称旧堡区）农技站于1975年从块茎中部有10多个分枝的长山药植株上选择培育而成，是长山药演变来的一个新品系。该品种生长势强，主蔓有2~4个，侧蔓有8~15个，块茎短而多，长10~40厘米，单株块茎重1.0~2.5千克。吸收根可达17~33条，长达60~76厘米。该品种可供食用和加工，产量较高，栽植时用山药栽子少，种植密度为2900~3000株/亩，产量达3000~4000千克/亩。

23. 汾阳山药

汾阳山药是山西汾阳冀村乡地方品种，生长势强，茎蔓右旋，绿中带紫，多分枝，蔓长3.5~4.0米。叶片为绿色，心形，缺刻大，叶柄较长，叶脉有7条，下部叶片互生，中上部叶片对生，间有轮生。块茎呈扁圆柱形，表皮为褐色。栽子细且短，一般长8~10厘米。块茎长50~80厘米，直径为4~6厘米，生育期达160天。叶腋间着生

零余子，较大，长 1.5～2.0 厘米，直径为 0.8～1.5 厘米，带甜味。块茎黏液多，肉白，质脆，易熟，带甜药味，绵中带沙，药食兼用。4 月中上旬栽插，10 月中下旬收获，种植密度为 5000～6000 株/亩，鲜薯产量为 2000 千克/亩。

24. 华州山药

华州山药主产于陕西华县，已有 2500 年的栽培历史，在《华州志》中称它为天下之异品。华州山药品质优良，药食兼用。块茎较粗，须根长，皮薄，质细，味浓，最适于鲜食和加工山药干。鲜薯产量为 2000 千克/亩，高产可达到 5000 千克/亩。

二　南方山药品种

南方山药品种大多属于日本薯蓣种、参薯种，少部分为甜薯种。该地区品种生育期较长，结薯较晚，一般 9 月上旬开始结薯，地上部茎蔓生长势旺盛，薯块粗大，单株薯重 1～3 千克，大的超过 10 千克。

1. 瑞昌山药

瑞昌山药是江西瑞昌罗成山地方品种。据明代隆庆年间《瑞昌县志》记载，山药为当地特产之一，目前为江西优质农产品，国家 A 级绿色食品。该品种在瑞昌多选择海拔 60～300 米的低中丘陵棕石灰泥土种植。瑞昌山药是多年生草本攀缘作物，一般做一年生栽培，生育期为 270 天。茎蔓呈圆形或棱形，长 3～4 米。叶片呈卵状三角形，单叶互生，少数叶腋间着生 1～3 个零余子。雌雄同株或异株，花期长，单性花，浅黄色，花序穗状。块茎呈长棒形、棍棒状、掌状和团块状等，表皮为浅黄色或棕黄色，长 25～60 厘米，粗 3～7 厘米，上部须根较密、色泽较深，下部皮色浅，肉质为白色。种植密度为 1800～2000 株/亩，鲜薯产量为 1000～1500 千克/亩。栽培时选择沙壤土为好，土层深厚、土质疏松、排水良好的红色或棕红色壤土，冬前深翻冻垡。选择无损伤、无病害块茎或零余子作为种薯，播种前晒种 1～2 天，用 50～55℃温水浸种 10 分钟，再用 70% 超微代森锰锌或多菌灵浸种 5～10 分钟，捞出晾干，用钙镁磷肥拌种，也可用零余子提前育苗，待茎蔓长到6～10厘米时移栽大田。整地时用干粪、草木灰或土杂肥2500～3000千克/亩、复合肥25～30千克/亩或45%硫酸钾复合肥15～25千克/亩作为基肥。山药苗高15厘米左右时搭架，架高2米左右。生育期内至少追肥4次，生育前期2次，生育中期1次，生育盛期1次。

2. 红藤

红藤是江西瑞昌地方品种。该品种属于早熟品种。薯块呈长棒形，表皮为浅黄色或棕黄色，长25～60厘米，粗3～7厘米，上部须根较密、色泽较深，下部皮色浅，肉质为白色，外表较光滑。该品种抗旱、抗病性较差，不耐重茬，鲜薯产量为500～1000千克/亩。栽培时选择沙壤土为好，土层深厚、土质疏松、排水良好的红色或棕红色壤土，冬前深翻冻垡。用零余子或块茎切块育苗，采取苗床集中闷种，出苗即栽，3月初用甲基托布津或多菌灵浸种15～20分钟进行种薯消毒，然后播入1.0～1.5米宽的苗床，苗床盖细土覆谷壳灰，最后搭拱棚覆膜，茎蔓长到6～10厘米时移栽大田，也可在4月上中旬直接播种大田。整地时施足基肥和种肥，用干粪、草木灰或土杂肥2500～3000千克/亩、复合肥25～30千克/亩或45%硫酸钾复合肥15～25千克/亩。除施足基肥外，还要进行4次追肥，早施提苗肥2次，齐苗肥1次，块茎形成膨大肥1次。山药苗高15厘米左右时搭架，架高2米左右。

3. 南城药薯

南城药薯是江西抚州南城县地方品种。该品种属于早熟品种。生长势较弱，茎蔓多棱，近圆形，无棱翼。叶较小。零余子多呈珠状。薯块呈棒形，长30～60厘米，粗3～5厘米，细根多，皮色较深，肉质较密，闻之药味浓，食之口感细腻、紧实。早熟，6月初开花，8月～10月上旬采收，抗旱、抗病性差。种植密度为1800～2000株/亩，鲜薯产量为500～1500千克/亩。栽培时选择沙壤土为好，土层深厚、土质疏松、排水良好的红色或棕红色壤土，冬前深翻冻垡。选择个大、无损伤、无病害的块茎或零余子作为种薯，播种前晒种1～2天，然后用50～55℃温水或多菌灵浸种5～10分钟，捞出晾干，用钙镁磷肥拌种。也可采用零余子或块茎切段提前育苗，一般在3月采用搭拱棚覆膜进行苗床育苗，

茎蔓长到6～10厘米时移栽大田。整地时施足基肥和种肥，用干粪、草木灰或土杂肥2500～3000千克/亩、复合肥25～30千克/亩或45%硫酸钾复合肥15～25千克/亩。除施足基肥外，还要进行4次追肥，早施提苗肥2次，齐苗肥1次，块茎形成膨大肥1次。山药苗高15厘米左右时搭架，架高2米左右。注意防治山药病虫害，主要病害有炭疽病、褐斑病、枯萎病、茎腐病、褐腐病和根结线虫病等，江西山药地方品种一般在8月中旬开始采收上市，零余子在10月初霜期采收，采收后晾晒1～2天，沙藏过冬，种薯在霜降前采收入窖沙藏。

4. 南城精薯

南城精薯是江西抚州南城县地方品种。块茎上下均匀，形如木桩，所以取名精薯。该品种属于早熟品种，8月底就可以进行采收。茎蔓生长势较强，四棱形，有棱翼。叶呈三角卵形，单生，绿色。薯块皮色较南城药薯浅，细根较少，较短且粗，长30～60厘米，粗5～8厘米。鲜薯产量为1500～2000千克/亩。栽培时选择沙壤土为好，土层深厚、土质疏松、排水良好的红色或棕红色壤土，冬前深翻冻垡。选择个大、无损伤、无病害块茎或零余子作为种薯，播种前晒种1～2天，然后用50～55℃温水或多菌灵浸种5～10分钟，捞出晾干，用钙镁磷肥拌种。也可采用零余子或块茎切段提前育苗，一般在3月采用搭拱棚覆膜进行苗床育苗，茎蔓长到6～10厘米时移栽大田。整地时施足基肥和种肥，用干粪、草木灰或土杂肥2500～3000千克/亩、复合肥25～30千克/亩或45%硫酸钾复合肥15～25千克/亩。除施足基肥外，还要施好4次追肥，早施提苗肥2次，齐苗肥1次，块茎形成膨大肥1次。山药苗高15厘米左右时搭架，架高2米左右。江西6～7月梅雨季节，注意及时开沟排水，7月以后天气干旱，应及时灌溉。注意防治病虫害，适时采收。

5. 桂淮2号

桂淮2号（彩图11）是由广西农业科学院经济农作物研究所选育，2004年通过广西农作物品种审定委员会审定的品种。该品种属于中晚熟品种，生育期为210～240天，为一年生或多年生缠绕性藤本植物。茎右旋，圆棱形，长4~5米，基部有刺，带紫色，幼嫩时为紫红色。叶片多呈卵状三角形至阔卵形，全缘，叶片为深绿色，叶表光滑且有光泽，蜡质层明显；叶脉网状，基出脉数7条，呈紫红色，中间叶脉颜色最深，两侧渐浅；下部叶片互生、中上部及分枝叶片多为对生，少数互生。叶腋着生1~3个零余子，长的可达3厘米以上，重的可达10克以上，表面为棕褐色，粗糙有龟痕。薯块呈圆柱形，长50~100厘米，单株薯重0.6~0.9千克；表皮为棕褐色，薯块根毛较少，主要集中在头部；薯块断面为白色，肉质细腻。薯块干物率为23.6%。种植密度达2000~2500株/亩，鲜薯产量为1600千克/亩。

栽培时要选择排灌方便、土层深厚的沙壤土种植，选择无病虫的零余子或薯块作为种薯，零余子直接播种，薯块按5~6厘米切段，用草木灰或石灰蘸涂切口以杀菌，催芽播种。栽前整地，按1.2~1.3米行距深挖沟，沟宽30厘米、沟深80~90厘米，沟上做高垄，在垄上按株距18~20厘米，打直径5~6厘米、深80~90厘米的洞，用细沙灌满并做好记号，播种时种薯对准沙洞。每年3~4月播种，用腐熟的农家肥1500~2000千克/亩、复合肥40~50千克/亩、过磷酸钙50千克/亩作为基肥，出苗后及时搭架引蔓和中耕除草，生育前期施5~10千克/亩复合肥1~2次，生育盛期施复合肥20~30千克/亩，生育后期适施粪水等农家肥。注意防治黑斑病、炭疽病和斜纹夜蛾等病虫害。

6. 桂淮5号

桂淮5号是由广西农业科学院经济作物研究所选育，2004年通过广西农作物品种审定委员会审定的品种。该品种属于早熟品种，在桂中、桂南地区的生育期为150~180天。茎右旋，四棱形，长3.0~4.5米。叶片宽大，呈阔心形，主茎叶片长13~17厘米，宽10~11厘米，叶片为浅绿色，平滑，较薄，网状叶脉，下部叶片互生，中上部叶片多对生，少数互生。薯块呈长圆柱形，长70~85厘米，单株薯重0.7~1.2千克；薯块基部根毛较多，顶部根毛少，薯皮光滑，浅白褐色，薯块断面为白色或略带米黄色，黏度较好。薯块干物率为24.2%。种植密度为2000株/亩，鲜薯产量为1700千克/亩。栽培时

选择排灌方便、土层深厚的沙壤土种植，选择无病虫的薯块作为种薯，桂南于3月上旬~4月上旬，桂中于3月中旬~4月中旬进行田间播种，用腐熟的农家肥1000~1500千克/亩、复合肥40~50千克/亩、过磷酸钙50千克/亩作为基肥。苗高10~15厘米施粪水1次，生育中期追施复合肥7.5~10.0千克/亩，生育盛期施复合肥2~3次。

提示　桂淮5号的叶腋间极少长零余子。

7. 桂淮6号

桂淮6号（彩图12）是由广西农业科学院经济作物研究所选育，2004年通过广西农作物品种审定委员会审定的品种。该品种属于早熟品种，在桂中、桂南地区的生育期为170~190天。茎右旋，呈四棱形，长3.0~4.5米。叶片宽大，呈阔心形，主茎叶片长15.0~18.0厘米，宽10.5~12.0厘米，叶片为浅绿色，平滑，较薄，网状叶脉，下部叶片互生，中上部叶片多为对生，少数互生。薯块呈长圆柱形，长70~85厘米，单株薯重0.8~1.3千克；薯块基部根毛较多，顶部根毛少且短；薯皮为鲜红色，光滑；薯块断面为白色；黏度较好。薯块干物率为21.2%。种植密度为1800~2000株/亩，鲜薯产量为1800千克/亩。栽培时选择排灌方便、土层深厚的沙壤土种植。桂南于3月上旬~4月上旬，桂中于3月中旬~4月中旬进行田间播种，用腐熟的农家肥1000~1500千克/亩、复合肥40~50千克/亩、过磷酸钙50千克/亩作为基肥。苗高10~15厘米施粪水1次，生育中期追施复合肥7.5~10.0千克/亩，生育盛期施复合肥2~3次。

提示　桂淮6号的叶腋间不长或少长零余子。

8. 桂淮7号

桂淮7号是由广西农业科学院经济作物研究所选育，2012年通过广西农作物品种委员会审定的品种。该品种属于中熟品种，在桂南地区的生育期为210天，桂中地区为200天。茎右旋，四棱形。叶片呈阔心形或箭形，绿色，网状叶脉，叶片以对生为主，基部有少数互生。叶腋间不长或少长零余子。薯块呈长圆柱形，长70～100厘米，单株薯重1.75千克，薯皮光滑，须根少，薯皮为褐白色，肉为白色。鲜薯的淀粉含量为20.8%，薯块干物率27.1%。种植密度为1500～1800株/亩，鲜薯产量达2700千克/亩。栽培时选择与非薯类作物轮作的旱地、旱坡地或高坑田块或排灌方便的田块种植，可以采用粉垄（打沟）、打洞填料、定向结薯等栽培方法。种薯切块后，横断面蘸石灰粉或草木灰，然后阳光下晾干后播种，或者用70%甲基托布津800倍液浸种15～20分钟，再晾干备种。整地时按1.4～1.5米行距深挖沟，沟宽30厘米、沟深120厘米，沟上做高垄。桂南地区一般在3月上旬～4月上旬种植，桂中于3月中旬～4月中旬种植，用腐熟的农家肥750千克/亩或复合肥50～60千克/亩作为基肥。生育中期视苗势施肥，一般施复合肥7.5～10千克/亩。生育盛期，结合喷灌或滴灌施肥，施硫酸钾10千克/亩。

9. 明淮1号

明淮1号是福建三明市农业科学院从福建地方品种扫把薯的变异株经系统选育而成的紫山药品种。该品种属于晚熟品种，扁山药类型，生育期为230天左右，丰产性好，茎右旋，四棱翼。叶片呈圆三角形，绿色，主脉有7条，叶长15.4～18.6厘米，叶宽10.8～13.3厘米，上部叶对生，下部叶互生，叶腋间不长或少长零余子。薯块呈扁块状，长17～30厘米，宽12～33厘米，须根少，薯皮为紫色，肉为紫色，商品率高达85.6%，薯块干物率为21.7%。种植密度为2300株/亩，鲜薯产量达5000千克/亩。栽培时选择疏松肥沃、耕作层深厚、排水良好的地块栽培，地温应稳定在10℃以上，无霜期短的地区一般在清明和谷雨之间播种。单行种植，行距为1.4～1.5米，株距为20厘米。开沟或挖坑播种，播种时，薯块皮层向上，截面向下。明淮1号一般不施基肥，一般搭架前用5～10千克/亩尿素浇施1次，15天后用15千克/亩复合肥补浇1次，待茎蔓长至1.5米左右，开沟施有机肥150千克/亩，立秋前7～10天施硫酸钾20～30千克/亩和磷酸二铵15～20千克/亩，立秋后不再追肥。该品种病虫害发生较少，主要以防为主，一般在茎蔓爬满架后用广谱性杀菌剂进行一次喷施。

第四章 山药栽培技术

第一节 山药产区划分

关键知识点：

在我国，山药种植有明显的区域特点，应根据当地的土壤条件和气候特点等选择合适的山药品种，采用与其配套的栽培技术。

我国山药主产区根据种植区域特点可划分为东北产区、西北产区、华北产区、华中产区和华南产区，上述主产区山药种植面积约占全国山药种植面积的70%。近年来，新疆、甘肃、宁夏、黑龙江和辽宁等地山药种植面积逐年上升，新疆年种植面积已超过5万亩。河南、河北、山东、江苏和广西等地作为我国山药主产区，有的省份山药常年种植面积已达4万公顷（1公顷 = 10^4 米^2）甚至逾6.6万公顷，并已经形成一定规模的出口基地。

一 东北产区

东北产区包括辽宁、吉林、黑龙江和内蒙古东部，主要集中在吉林和辽宁两省。该区域气候冷凉，年平均气温为7～12℃，无霜期达130～150天，光照充足，昼夜温差大，山药品质好，有效生育期较短，一般4～5月播种，9～10月收获。东北产区主要的栽培品种有群峰山药、牛腿山药、细毛长山药（棒山药、黑山药）和麻山药等。

二　西北产区

西北产区包括新疆、甘肃、宁夏、内蒙古包头和陕西等地。该区域气候寒冷、干燥，年平均气温为6～12℃，年降水量为200～600毫米，无霜期达120～180天，光照充足，昼夜温差大，山药品质好，生育期短，每年种植一茬，一般3～4月种植，9～10月收获。西北产区主要的栽培品种有甘肃平凉山药和汾阳山药、陕西的华州山药、山西的太谷山药、兰州的粗毛细山药等。西北产区山药栽培面积相对较小，呈逐年增加趋势。

三　华北产区

华北产区包括河南、河北、山东、山西、江苏北部和安徽北部等地。该区域年平均气温为10～14℃，无霜期达200天左右，年降水量为500～700毫米，长日照，光照充足，昼夜温差较大，适宜山药种植。华北产区是我国山药种植面积最大、种植相对集中的区域。河南、河北、山东三省作为我国山药主产区，种植面积都达到2万公顷以上。该区名贵山药品种多、品质好，已成为我国菜用、药用、加工山药的主要原料基地，大量山药鲜薯及加工产品出口国外。该产区山药供应期长，一般从9月到第二年3月。华北产区主要的栽培品种有：河南的铁棍山药、镇平山药、大和长白山药、麻山药、菜山药等；山东济宁米山药、细毛长山药、大和长芋、鸡皮糙；河北的麻山药、农大短山药、农大长山药、大和长芋等。其中，河南产区主要分布于焦作一带，山药产量大，温县所产的铁棍山药是山药中的上品，产品以药用、食用为主，销往全国各地，并出口到日本、韩国及欧美等国。山东产区主要分布于西南部、东部地区的潍坊、济宁和泰安等市。山东产区山药栽培历史悠久，年种植面积超过2.8万公顷，年产鲜山药36.8万吨。山东山药产量高，品质好，营养价值、药用价值和经济价值高，耐储运，已成为山东省出口和农民增收的主要农作物之一，产品主要出口到日本，出口量约占全国对日本山药出口量的一半；河北产区主

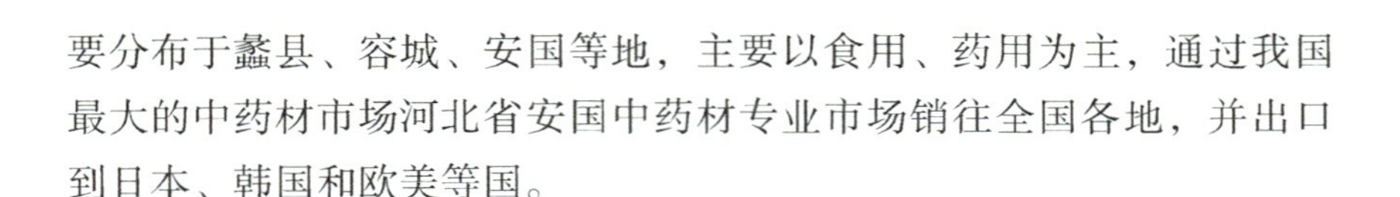

要分布于蠡县、容城、安国等地，主要以食用、药用为主，通过我国最大的中药材市场河北省安国中药材专业市场销往全国各地，并出口到日本、韩国和欧美等国。

四　华中产区

华中产区包括江苏（除北部以外的区域）、浙江、湖南、湖北、四川和安徽南部等地。该区域年平均气温为15～18℃，无霜期达250天左右，年降水量为1000～1500毫米，光照充足，一般2～4月播种，10月以后收获。该区域种植的山药主要为薯蓣和参薯等，主要栽培品种有：江苏的水山药、兔子腿山药、无架双胞山药、灌南山药、日本大和长芋和徐农紫药等；湖北的佛手山药、利川山药等。江苏作为我国主要山药产区之一，山药种植主要分布在北部和中部地区，山药年均种植面积为1.33万～1.67万公顷。

五　华南产区

华南产区包括广西、广东、海南、台湾、福建、江西、云南和贵州等地。该区域气候温暖，年平均气温为17～23℃，年降水量为1200～1800毫米，适宜山药生长，一般3～5月播种，10月～第二年3月收获，随收获随上市。华南产区是我国山药的发源地之一，山药种植资源丰富，该区域种植的山药主要为日本薯蓣、参薯、甜薯和褐苞薯蓣等，主要栽培品种有：广东的广山药、白山药；江西的瑞昌山药、大板薯、日本大和白芋、南城药薯、木青薯、真山药、红藤、永丰山药、脚板薯；广西桂淮系列及各地沿用的地方品种。其中，广西壮族自治区山药年种植面积约为4万公顷，总产量超过100万吨。与我国其他山药种植主产区相比，广西具有种植面积大、生产成本低、气候优越等区域优势，是华南地区山药第一大产区，产品主要销往华南、华东及西南各省、直辖市，主要用途为药用、工业原料和食用。广西的玉林中药材专业市场，广东的广州清平和普宁两个中药材专业市场，是广西山药外销的重要平台。广西壮族自治区的山药种植主要集中在北部的阳朔、平乐，东南部的桂平、容县、北流、博白，中南部的邕宁，南部的浦北、合浦等地。江西省各地均有山药种植，近年来种植面积不断扩大，主要分布在瑞昌市，抚州市的南城县、乐安县，赣州市兴国县等地，九江瑞昌市年均种植约0.16万公顷，抚州市的南城县年均种植约0.1万公顷、乐安县年均种植约0.12万公顷，赣州市兴国县年均种植0.07万多公顷。

第二节 山药传统栽培技术

关键知识点：

1）选择适宜的地块。
2）冬前开沟，早春整地施肥。
3）精选种薯，实行分级播种，便于田间管理。
4）适时播种，合理密植。
5）加强田间管理：搭架绑蔓，整枝塑形。
6）做好病虫害防治：常用药剂为代森锰锌、甲基托布津和铁灭克等。
7）适时采收。

山药栽培历史悠久，但是传统栽培技术机械化程度低，多采用人工深挖沟种植和深挖沟采收，费工费时，土壤容易板结，产量较低，商品性较差，商品率低。

一 北方地区人工挖沟栽培技术

在北方地区，山药栽培一般采用人工挖沟的方式，根据山药品种的结薯习性，确定挖沟的深浅，然后将土回沟，营造沟内疏松的土壤环境。

西北地区人工挖沟栽培具有代表性，一般适宜块茎长度在60～120厘米的山药品种，如平凉山药、华县山药等。山药播种前，选择合适的地块，人工挖沟槽（深80～120厘米、宽35～50厘米），使土壤理化性状和通透性更适合山药生长。具体的栽培方式如下：

1. 选择适宜地块

选择海拔1500米以下的地区种植，要求土层深度在1.5米以上，地下水位在2.0米以下，排灌方便，田间无石块和宿根杂草，地下害虫与鼠害轻，土壤有机质含量为9.0～12.7克/千克，以土层深厚、疏松、肥力充足的沙壤土或黄绵土为宜。

2. 整地施肥

冬前开沟，根据山药品种的结薯习性，在不打乱土层结构的前提下，深挖沟槽，一般沟深80～120厘米，沟宽35～50厘米，沟距50～60厘米，挖沟后进行冬灌。开春土壤解冻后进行浅耕，浅耕前基施腐熟的优质农家肥（以羊粪为主）5000千克/亩，然后精细整地耙平。若早春挖沟，则播前不宜灌水，在回填土壤时，要分层用脚踩实、整平。

3. 精选种薯

山药种薯分为三类：龙头（栽子）、珠芽（零余子）、山药块（薯块）。龙头为山药块茎的上端，有芽，细长，一般长17～20厘米，不能食用，是重要的山药种薯材料；珠芽也称零余子或山药豆，是生长在山药叶腋间的气生茎，为不规则圆球形，种植后可长成种薯，为常用的山药种薯材料；山药块（薯块）是将山药成品薯切成段或块，用作山药种薯的材料。无论采用哪种材料作为种薯，都要按大小、形状、有无芽眼进行严格挑选、分级整理，剔除腐烂、病虫、退化株，分类进行种植，促使田间出苗整齐、植株生长势一致，便于田间管理。

4. 适时播种，合理密植

（1）播种时间　土壤耕作层温度稳定在9～10℃时进行播种，北方地区适宜的播期在3月20日～4月5日，最迟不宜超过4月10日。可根据当地天气情况进行适当调整，避过晚霜，防止过早播种造成薯苗腐烂，或者出苗过早导致芽苗受霜冻危害。

（2）起垄种植，合理密植，栽后施肥　采用垄作种植，南北方向起垄（图4-1和图4-2）。种植时先放线开沟，沟距50～60厘米，沟深5~8厘米，然后将栽子或薯块平放在沟内，芽眼排在中心线上，株距24~30厘米，种植密度为4500株/亩（图4-3）。若用零余子播种，种球在1克以上的，每垄种2行，株距3厘米，种植密度为8万粒/亩；种球在1克以下的，每垄种3行，错开点播，种植密度为12万粒/亩（图4-4）。播后用细土覆盖播种材料，再顺垄沟撒施腐熟的优质农家肥2500千克/亩、油渣（菜籽饼）100千克/亩和磷酸二铵20千克/亩，培土封严，垄高15~20厘米。播种后应立即灌水。

注意 采用零余子种植时，垄高不超过15厘米，防止覆土过多，影响出苗。

图4-1 山药起垄机械

图4-2 山药起垄栽培

图4-3 龙头（栽子）种植

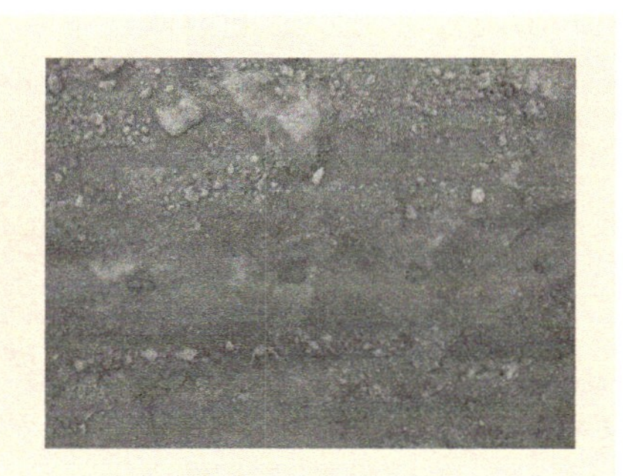

图4-4 零余子种植

5. 加强田间管理

（1）搭架绑蔓 山药出苗后要及时搭架。一般需要长2米以上的架杆12000根/亩左右，杆距1米，架杆纵横成行，以利于通风透光。待山药苗长到一定高度时，及时进行人工辅助引蔓并绑蔓，使茎蔓攀缘在架杆上，避免茎蔓隔行缠绕（图4-5）。

图4-5 山药搭架栽培

（2）整枝塑形 结合绑蔓，及早除去弱茎，保留一个健壮茎，主茎下部70厘米以下的分枝与叶片全部抹去，以利于通风透光和田间管理。

（3）杂草防治 根据田间生长情况，及时进行田间除草，一般每月进行1次，前期结合中耕进行田间除草，6月以后则进行人工拔草，防止伤根。严禁人畜随意入地，以免折断主蔓、伤根伤苗、破坏架杆。

（4）肥水管理 根据当地气候和水利条件进行田间灌水，灌水量、灌水次数要随植株生长逐渐增加。苗期一般不灌水，大旱年份除外；入伏后（7月中旬）每10天灌水1次；立秋后8月上中旬遇干旱才可灌水。

结合灌水进行田间施肥，6月下旬~7月上旬，沿垄侧开浅沟，追施尿素14千克/亩和磷酸二铵10千克/亩，施肥后覆土，并立即灌水，也可结合灌水施入充分腐熟的稀粪。

6. 合理防治病虫害

山药炭疽病、斑枯病发病期间可选用70%代森锰锌可湿性粉剂500~600倍液或50%甲基托布津可湿性粉剂700~800倍液喷雾防治，每7天喷1次，连喷2~3次。防治线虫一般用1~3克/千克的铁灭克溶液浸泡种薯24小时后晾干。

7. 适时收获

(1) 零余子的采收 零余子采收一般在10月下旬进行，茎叶枯萎后即可进行采收。采收时，先用剪刀将主茎从地面剪留20厘米作为采收标记，再抖落茎蔓上的零余子，随后拆除架杆和茎蔓，收集地上的零余子。

(2) 种薯的收获和整理 山药种薯收获应选择在晴天进行，收获时，为防止伤薯，一般从垄沟向两侧铲土，以山药生长的深度确定采挖深度，并根据山药的毛根判断块根的走向及位置，刨掉块根周围的土块，使块根外露，用手抓住山药栽子向上提出或托出。

刚挖出的山药水分含量较高，极脆且易折断，并带有泥土，应摆放在田间进行晾晒，并剥净泥土，然后运回室内堆放，待全部收完集中整理后，再入窖储藏或上市销售。

二 南方地区传统栽培技术

南方地区山药传统栽培，有旱地人工挖沟栽培、稻田人工挖沟栽培和挖沟后打洞填沙栽培。

1. 人工挖沟栽培技术

(1) 选地、整地 旱作地区选择无石块、土壤相对松软的地块。播种前，先用锄头锄松畦沟内的土壤，将土壤翻到地面，打碎后再回填入沟内，按照畦宽35～40厘米，垄距130厘米做垄（图4-6）。

图4-6 人工挖沟栽培

（2）适时播种，合理密植　根据不同品种的萌芽特性、生长习性，确定合理的播种密度，按照不同的株距进行播种，播种后及时覆土，并加盖稻草或其他杂草，以减少水分散失和防止杂草生长。

（3）搭架绑蔓　山药出苗后要及时搭架。播种后至山药苗高度为50厘米前，利用竹子或木条扦插搭架，待山药苗长到一定高度时，及时进行人工辅助引蔓并绑蔓，使茎蔓攀缘在架杆上，避免茎蔓隔行缠绕。

（4）田间管理　根据当地的气候和水利条件，结合南方山药的生长特点，进行合理的肥水管理。苗期一般不灌水，大旱年份除外；适当施用基肥，结薯前重施结薯肥，后期还可以喷施叶面肥。

（5）收获　选择晴天进行收获，为防止伤薯，一般从垄沟向两侧铲土，根据薯块的生长态势采用保护性的挖土取薯办法，刨掉块根周围的土块，使块根外露，用手抓住山药栽子向上提出或托出，提高山药的商品性。

注意　稻田种植山药，土壤相对松软，深挖沟较旱地容易一些。挖沟整地、栽培管理、采收等与旱地人工挖沟栽培技术相同，但是，要做好田间的排水工作，避免雨季渍水浸泡，影响山药的生长和结薯。

2. 打洞填沙栽培技术

打洞填沙栽培（图4-7）技术与旱地、稻田人工挖沟栽培技术相似，可按照人工挖沟栽培技术进行田间管理。

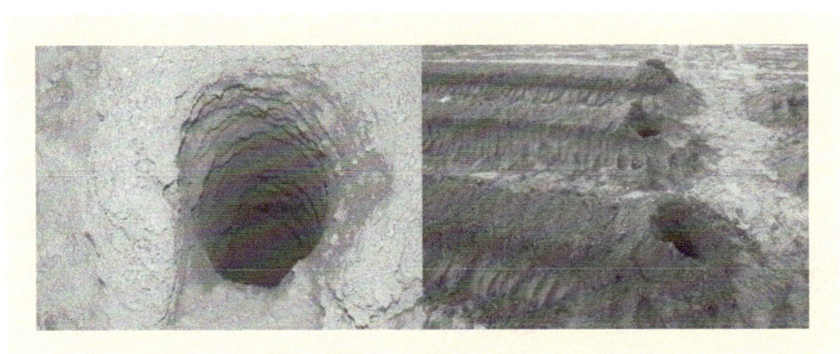

图4-7　打洞填沙栽培

打洞填沙栽培技术的不同之处在于，人工挖好深沟起垄后，使用直径为 8～10 厘米的竹子或木棍，按照山药种植的株距要求，人工先打洞，再用细沙（河沙）回填，在洞面上种植山药。该技术可为山药生长创造良好的疏松土壤环境，促进山药快速膨大，使薯块顺利生长和伸长，达到山药笔直、表皮光滑、商品性高的目的。

三 铁棍山药栽培技术

铁棍山药已被焦作申请为国家原产地保护产品，是山药中的极品，国家标准《地理标志产品 怀山药》（GB/T 20351—2006）规定了铁棍山药的地理标志产品保护范围：北纬 34°48′～35°30′，东经 112°02′～113°38′，即河南省焦作市行政辖区之内，其中以温县铁棍山药最为著名，《温县志》及清代《农学丛书》都有记载，在食用、药用方面均有较高价值。

1. 选地、整地

选择土层深厚、肥沃、排水良好的沙土或两合土的地块进行种植，前茬为禾本科作物或蔬菜为宜，周围最好不要种植玉米、高粱等高秆作物，要求至少 3 年未种植过山药。

秋末冬初将选好的地块深翻 60 厘米以上，晾晒越冬。第二年春季播种前，均匀施入腐熟的农家肥 3～5 米^3/亩、饼肥 250～330 千克/亩、钙镁磷肥 150 千克/亩、尿素 40 千克/亩和硫酸钾 100 千克/亩。

注意 土壤一定要整细，农家肥一定要腐熟，否则铁棍山药生长过程中遇到石块、粪块易分叉，降低商品率。

2. 种薯处理

铁棍山药为无性繁殖作物，种薯分为 3 类：龙头（栽子）、珠芽（零余子）和山药块。生产中主要采用顶部带隐芽的龙头（栽子）进行繁殖。

(1) 珠芽（零余子）**繁殖** 珠芽（零余子）种植第一年收获山药蛋，挑选个大、呈不规则圆形（俗称鬼脸或猴头）、无损伤、无病斑虫眼的山药蛋（同山药栽子一样储藏），第二年春天种植，秋季采挖后将尾部折下，即为龙头（栽子）。山药蛋繁殖第一年只能形成龙头（栽子），第二年才能繁殖成山药成品。

（2）龙头（栽子）**繁殖** 山药蛋春天种植，秋季采挖后，挑选粗而长，表面光滑，无病斑、分叉、畸形，生长正常，顶芽健全的山药龙头（栽子），将上部龙头（栽子）折下，创面蘸上草木灰、生石灰加代森锰锌（2.5千克草木灰、2.5千克生石灰，混匀）灭菌，储藏越冬，第二年春季播种。

3. 适时播种，合理密植

（1）适时播种 播种时间为春季3月20日~4月5日，过早容易遇到霜冻，过晚则齐苗晚，生育期缩短，影响产量。

（2）种薯的处理 选择2~3年生，健壮，无虫眼、病斑，芽眼健全，100~150克的栽子，用50%生根粉溶液或40%赤霉素溶液浸泡10分钟（浸泡时若栽子已发芽，注意不要让药水溅到芽上，影响出苗），捞出，置于阴凉通风处晾干（忌暴晒），1~2小时后即可播种。

（3）播种方法 播种时按40厘米×20厘米的行株距在畦内做标记，沿标记开5~6厘米深的沟，以芽眼对准标记点，将栽子平放在沟中，第二条沟挖出的土覆盖在第一条沟上，稍加镇压，依次进行，最后耧平畦面。

4. 田间管理

（1）苗期管理 苗期管理的要点是拔草和保墒。铁棍山药的发芽期和甩条发棵前期均属于苗期，这段时间地上部分生长势弱，应及时拔除田间杂草，防止杂草丛生，影响正常生长。同时应通过并加盖稻草或其他杂草的方式，使土壤保持湿润，保证山药正常出苗。

（2）生育中后期管理 生育中后期管理的要点如下：

1）锄草：幼苗期应结合松土，浅锄田间杂草，封垄后随时拔掉杂草，不能伤及秧蔓。

2）搭架绑蔓：当5月上旬铁棍山药苗高40~50厘米时，利用竹子或木条扦插搭架，待山药苗长到一定高度时，及时进行人工辅助引蔓并绑蔓，使茎蔓顺杆缠绕生长，避免茎蔓隔行缠绕。

3）合理施肥：5月底~6月初齐苗后，在行间开5厘米浅沟施肥，一般施尿素20千克/亩、过磷酸钙40千克/亩和硫酸钾10千克/亩；现蕾后，叶面连续喷施磷酸二氢钾或1%过磷酸钙溶液（50~60千克/亩）3~4次，每次间隔6~7天。

4）水分管理：5月底~6月初齐苗后，茎蔓未封垄前浇第一水；6月底~7月初入伏前浇第二水；立秋前后浇第三水。若土壤墒情适宜，第一水与第二水可合并，伏天一般不要浇水。

注意 7~8月为铁棍山药生长盛期，应注意排水防涝，防止田间积水，此时若土壤湿度过大，铁棍山药易发生根腐病，影响产量和品质。

第三节　山药栽培新技术

关键知识点：

1）山药粉垄栽培技术：利用专用机械的螺旋钻头垂直旋磨土壤，由牵引机牵引前行，在种植带上形成一条深80~100厘米、宽30厘米左右的松土槽，在槽面种植山药。

2）山药定向结薯栽培技术：采用硬质材料改变山药块茎垂直生长的习性，定向引导其靠近垄面土层生长。

3）塑料小拱棚设施化栽培技术：播种后，在垄两边用竹片插弓形架，离地面高60~80厘米，每100厘米插1根竹片，中间用细铁丝顺垄固定。一般每2垄搭1个小拱棚，长度因地块而定，小拱棚间距60厘米。

4）山药“21111”栽培技术：“两早”（早催芽出苗，种植后早管理促苗生长）、“一拱”（利用薄膜小拱棚覆盖防寒保湿促苗生长），“一防”（防除病虫害），“一增”（结薯期增施钾素等肥料），“一喷”（生长后期适量喷叶面肥保叶，提高光合能力）。该技术在西北、东北和华北等无霜期较短的地区一般可增产20%~25%。

近年来，随着山药栽培技术研究的不断深入，各地在不断总结传统栽培技术经验的基础上进行技术革新，创新了多项山药栽培新技术，并进行了示范推广，取得了良好的经济效益和社会效益。这些新技术包括：山药粉垄栽培技术、山药定向结薯栽培技术、塑料小拱棚设施化栽培技术和山药“21111”栽培技术。

一　山药粉垄栽培技术

提示　山药粉垄栽培技术是依据山药结薯对土壤环境的要求，利用专用机械的螺旋钻头垂直旋磨土壤，由牵引机牵引前行，在种植带上形成一条深80～100厘米、宽30厘米左右的松土槽，在槽面种植山药，为山药结薯创造疏松的土壤生态环境，使山药薯块得以正常伸长和增粗，达到产量和商品率协同提高的目的。

1. 选地、整地

选择土层深厚，肥力中等，有灌溉条件且能排涝的地块。利用粉垄专用机械，在山药种植带上形成松土槽，行距1.2～1.5米，松土槽深80～100厘米，垄面宽30厘米左右，并于垄面开好种植沟（图4-8）。

图4-8　粉垄栽培

2. 施足基肥

粉垄整地前将腐熟有机肥施在山药种植带上，使其随螺旋钻头混入松土槽中，用量为1500～2000千克/亩。在种植沟两侧施45%复合肥（氮: 磷: 钾 =15: 15: 15）30～40千克/亩（图4-9）。

图4-9 山药基肥施用

3. 种薯的选择与处理

（1）种薯的选择 选择无虫、无病、无损伤、萌芽性好的健康种薯。

（2）种薯的处理 种薯的处理要点如下：

1）薯块的处理：山药直径在5厘米以下的，将山药切成4～5厘米长的薯块，要求每块重量在55～70克，切口蘸上草木灰、生石灰再加代森锰锌（2.5千克草木灰，2.5千克生石灰，200克代森锰锌，混匀），晒1～2小时后在室内存放2～3天，待切面愈合后播种；也可以用多菌灵500～800倍液等浸种消毒，捞出晾干后待播种。山药直径大于5厘米的，可将山药切成约5厘米长的薯块，再将薯块从中破开一分为二，用上述方法消毒防感染，待播种（图4-10）。

注意 由于山药各部分营养水平不一，发芽势不同，因此在切块时可以将头部、中部、尾部分开，在种植时分开种植，便于后期管理。

图 4-10 山药薯块的处理

2）珠芽（零余子）的处理：以珠芽（零余子）做种的，选择 20 克以上无病、无虫、无损伤的珠芽（零余子），可直接做种用。

4. 播种

以薯块做种的，株距为 30～35 厘米；以珠芽（零余子）做种的，株距为 20～25 厘米。以薯块做种时，要注意将带皮部分朝下，促进新芽生长。种薯摆放好以后，用垄两侧的土壤覆盖于垄面，使垄面呈龟背形，防止雨季冲刷导致垄面塌陷。水利条件允许的情况下，可在垄面铺设滴灌管带，并覆盖黑色地膜。

注意 为了防止滴灌管带阻碍山药的萌发，在铺设时要注意将滴灌管带置于垄面一侧的中下位置。

5. 田间管理

（1）苗期管理 苗期管理的要点如下：

1）萌芽期：播种后未覆盖地膜的要注意防除杂草，避免杂草丛生，影响新生苗的生长。覆盖地膜的，在播种 10 天后，要及时破膜，防止烧苗。

2）查苗补苗：出苗后定期到田间观察，发现缺苗及时补种。苗高 30 厘米时，单株茎蔓过多的，保留壮蔓 1～2 条，去除病弱蔓。

3）搭架绑蔓，整枝塑形：北方山药品种，相对苗弱叶小，零余子多，一般采取搭架栽培，播种后至山药苗高 50 厘米前，利用竹子或木条扦插搭架，待山药苗长到一定高度时，及时进行人工辅助引蔓并绑蔓，使茎蔓攀缘在架杆上，避免茎蔓隔行缠绕。南方山药品种，零余子少、叶片宽大的品种，可实行无架栽培；零余子多、叶片相对细小的品种，搭架和无架栽培均可。

注意 无论是搭架，还是无架栽培，在生长前期，一般都保留1条主茎，将多余的弱病苗除掉，以保障山药苗壮和避免单株多薯化，提高结薯质量。

4）苗期追肥：苗高35厘米时，进行第1次追肥，轻施人粪尿或用尿素3千克/亩兑水淋施，促进幼苗生长。

（2）生长前期管理 不同生态区的山药品种的生长习性不同，田间管理方法也有差异。北方山药品种，苗薯共长，生长前期应结合田间生长情况进行合理的肥水管理，促进茎叶生长和薯块发育；南方山药品种苗期只长苗不结薯，因此可使肥水后移，避免过早施肥，引起地上部旺长。

注意 无论北方山药品种还是南方山药品种，若该时期雨水较多，应注意排水，加强炭疽病、叶蜂等病虫害的防治。

（3）生长中期管理 北方山药品种，生长中期是决定产量的重要时期，要加强肥水管理和病虫害防控。南方山药品种，生长中期是地上部旺长和地下部薯块原基分化的时期，此时期不搭架栽培的以铺满整个地面为宜；搭架栽培的以爬满整个架材，在架顶部稍有重叠为宜。

生长中期是山药营养生长向生殖生长过渡并开始原基分化结薯的时期，对养分的需求量大，是肥水管理的关键时期，应视田间生长情况适当进行浇水、施肥，一般追施45%复合肥10～15千克/亩。同时，生长中期是山药快速生长的时期，若雨水过多，极易导致地上部过旺生长，影响结薯。因此，无论是北方品种还是南方品种，都要注意雨季控旺。

（4）膨大期管理 膨大期管理的要点如下：

1）肥水管理：膨大初期肥水需要量大，应重施膨大肥，追施

45%复合肥20～25千克/亩。无地膜覆盖的，撒施后及时轻盖土并适时灌水；覆盖地膜且膜下有滴灌的，可以将肥料溶于水中，肥水一体施用。薯块膨大盛期，植株生长明显缺肥的，追施45%复合肥8～10千克/亩。膨大期盛期，气温较低，看苗追肥，苗势弱的可叶面喷施0.2%～0.5%磷酸二氢钾。

注意 膨大期需要保持土壤疏松和充足的水分供应，干旱时要注意灌水，保持土壤湿润、疏松，通透性好。

2）零余子的处理：山药生长后期，一些品种在叶腋间着生零余子，如不做种薯用，应及时摘除，以免消耗植株养分，影响产量。

6. 病虫害防治

在山药粉垄栽培中，要注意防治黑斑病、炭疽病、天蚕蛾和叶蜂等病虫害。防控原则要以预防为主，化学防治为辅。

7. 适时收获与储藏

（1）收获 山药地上部茎叶老化变黄，薯块膨大充实，薯皮老熟，此时即可收获。采收时，首先用铲将1～2株长度位置的松土槽中的土壤铲出，取出山药，随后即可采用“多米诺骨牌效应”的方法将后面的山药逐一收获（图4-11）。采收时要注意尽量不要使山药破损，用手轻轻将山药拿起来，根据用途需要分别堆放或运输。

图4-11　山药人工采收

为便于储藏和长途运输，收获时，最好选择晴天上午采收，并将

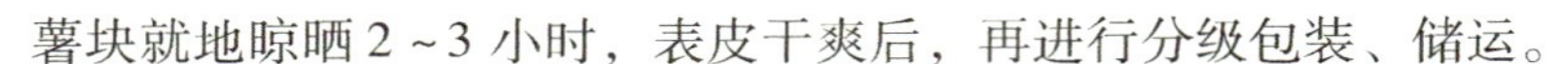

薯块就地晾晒 2～3 小时，表皮干爽后，再进行分级包装、储运。

（2）储藏 山药块茎储藏分室内储藏和就地储藏。室内储藏：选择通风透气的地方，也可以沙埋储藏。就地储藏：一般在没有霜冻或冻雨地区的山地或旱地，山药成熟后可以就地储藏，直到第二年 3～4 月，这样可以在地里储藏 2～3 个月，不影响产量和品质。

二 山药定向结薯栽培技术

山药定向结薯栽培技术是广西农业科学院经济作物研究所山药研究团队于2004 年研发的山药栽培新技术，已获国家发明专利（专利号为：ZL 2005200182941）。

提示 山药定向结薯栽培技术采用硬质材料改变山药块茎垂直生长的习性，定向引导其靠近垄面土层生长。技术优点是免除了传统栽培技术种植和收获过程中的深沟挖掘，减轻劳动强度，提高效率。缺点是对整地要求严格，尤其是铺设硬质材料的要求较高，掌握不好会出现薯块凸出地面的现象，进而影响薯块的产量和品质。

1. 选地

山药属旱地作物，一般选择排灌良好的冲积土或沙壤土种植。应用本技术，土壤疏松的旱地、坡地、丘陵山地均可种植。

2. 整地

山药是肉质块根作物，要求土壤疏松，整地时应深耕碎土，一般深耕 40～50 厘米，机耕时最好深耕 60～70 厘米。

（1）旱地 旱地的整地要点如下：

1）单行种植：按行距 160 厘米起高畦，畦斜面高 70 厘米并与水平面成 30°角，畦面宽 40 厘米。在行间每隔 8～10 米筑高 10 厘米，便于雨季沟内积雨蓄水防旱。

2）双行种植：按行距 250 厘米起畦，畦斜面高 70 厘米并与水平面成 30°角，畦面预宽 50 厘米，铺放硬质材料及回土盖膜成垄后畦面宽至 90 厘米。在行间每隔 8～10 米筑高 10 厘米，便于雨季沟内积雨蓄水防旱。

（2）坡地　坡地可实行单行种植，按行距160～170厘米等高梯级进行整地，为便于雨季沟内积雨蓄水防旱，在行间筑土拦水，每隔8～10米筑高10厘米。

（3）丘陵山地　丘陵山地可以单行种植，按照行距180～200厘米等高梯级整地种植，在行间筑土拦水，每隔8～10米筑高10厘米。

3. 材料的选择、铺设与基肥施用

（1）材料选择与加工　材料的选择以山药块茎生长过程不能穿透为宜。本技术可使用厚度为0.8毫米、宽度为12～15厘米、长度为100厘米的塑料薄膜。

（2）硬质材料的铺设　硬质材料的铺设要点如下：

1）开沟铺设种植法：按株距20厘米，顺着畦斜面向下挖一条宽10厘米、深5厘米、长100厘米的小沟，方向与畦斜面成45°角，将裁剪好的塑料薄膜铺在沟中，用少量细泥顺沟的方向压住薄膜，使整块薄膜形成半圆形，撒施适量的农家肥，再盖厚度为15厘米的细土。

2）管状斜摆种植法：按株距20厘米，左右顺着畦斜面向一侧斜挖一条宽10厘米、深5厘米、长100厘米的小沟，然后将裁剪好的塑料薄膜铺在沟中。塑料薄膜铺设沟内占2/5，沟外占3/5，用少量细泥压住薄膜，使整块薄膜形成半圆形，然后撒施适量农家肥和复合肥，再将塑料薄膜向上包盖，用土将塑料薄膜压紧，使整块塑料薄膜成为管状，让山药薯块顺着薄膜管生长。最后，将塑料薄膜上端的外侧往外折叠，使之成为喇叭口状，山药薯块就种植在喇叭口内。

3）半管斜摆种植法：按株距20厘米左右，在畦面边缘5～8厘米处摆设半管形山药导管（图4-12）。具体操作：首先将塑料材料套在半管形专用工具（圆形木棒或铁管）上，使塑料材料形成半管形，用左手把住包着塑料材料的工具前端，右手抓住工具柄，然后对准事前准备好的畦面边缘5～8厘米处，顺着畦的斜面土层3～5厘米斜插推进，当半管形专用工具插至距入土处约1米时，将半管形专用工具向畦心方向转动1～2厘米，再将半管形专用工具抽出，最后斜面的碎土自动填充于半管形塑料材料内即形成斜摆的山药导管，所形成的斜摆

山药导管与斜面约成40°角（图4-13）。

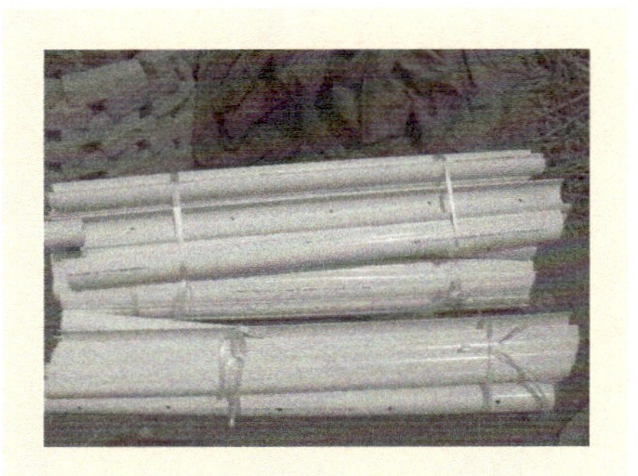

图4-12　半管形山药导管

图4-13　半管斜摆种植法

（3）基肥施用　在整地和材料铺设时施足基肥，腐熟有机肥1500～2000千克/亩、磷肥100千克/亩和45%复合肥30～40千克（氮:磷:钾=15:15:15）。上述肥料分配标准：畦面沟施占70%，管内占30%。有条件的，在硬质材料的中下部管内施用适量甘蔗渣、木糠或椰子糠混合牛粪（猪粪）等沤制腐熟的基质，以促进薯块生长。

4. 种薯的选择与处理

（1）种薯的选择　不同的山药品种选用的种薯不一样，如有粗大零余子的，可用零余子作为种薯，也可用薯块作为种薯；没有零余子或零余子很少的品种，一般用薯块作为种薯。选择无病、无虫、发芽势旺的种薯做种用。

（2）种薯的处理　种薯的处理要点如下：

1）零余子作为种薯的处理：选用粗大、无病、无虫、无损伤的零余子，催芽萌动后播种。

2）薯块作为种薯的处理：将薯块切成4～5厘米长，然后将伤口蘸草木灰或石灰，防止病菌感染，经催芽萌动后播种或直接播种。

3）播种前处理：薯块播种前用5%锐劲特悬浮剂300～500倍液浸种处理1分钟后捞起晾干；或者用15%乐斯本颗粒剂1～2千克/亩，或40%三唑磷可湿性粉剂400～800克/亩拌土或农家肥10千克/亩撒施于苗床沟内，以防治苗期地下害虫。

5. 播种

（1）播种密度　根据不同的土壤条件和不同的品种，种植1600～2200株/亩。土壤肥力高、山药品种直径大的应稀植；肥力水平中下、山药品种直径小的可以适当密植。

（2）播种方法　在播种时，将处理好的山药种薯种在埋设好装满碎土的半管形塑料管口上方5～6厘米的土壤中，种薯顺着塑料管方向摆放，然后覆盖细土5～6厘米，使种薯发芽生根时能够向四周土壤生长，吸收营养，同时有利于薯块原基形成和结薯，当薯块向下生长接触到硬质材料时，能够顺着塑料管内定向生长。播种后，有条件的及时在播种种薯的畦面顶上覆盖稻草或地膜，保水防草，同时及时用黑色地膜覆盖垄面，用土压紧，防除杂草并保持畦内土壤疏松。

6. 田间管理

（1）幼苗期管理　播种后覆盖地膜的，在播种10～15天后，注意检查种薯的发芽出苗情况，幼苗长出地面，要及时破膜，防止烧苗。

1）定苗补苗：出苗后定期检查，发现缺苗的及时补种。当苗高30厘米时，发现单株茎蔓过多的，保留壮苗2～3条，去除弱病苗。

2）搭架引蔓：出苗后及时搭架引蔓，用竹子或小树条插成篱笆引蔓，并及时将茎蔓引上篱笆。

3）施肥、松土：苗高25厘米时，进行第1次追肥，轻施人粪尿或用尿素3千克/亩兑水淋施。

（2）生长前期管理 生长前期，视植株生长状况进行相应的肥水管理。生长势弱的，追施复合肥 7.5～10.0 千克/亩。该时期雨水较多，注意排水，加强炭疽病、叶蜂等病虫害的防治。

（3）结薯期管理 结薯期管理的要点如下：

1）追肥：中期是山药营养生长向生殖生长过渡并开始原基分化结薯的时期，需要积储较多的营养，一般视田间生长情况追施 45% 复合肥 10～15 千克/亩。

2）修剪：一般每株保持 2～3 条粗壮健康的茎蔓，防治茎蔓过多，互相遮阴，影响产量。当植株生长过旺时，应当进行适当修剪和打顶，并及时除去病枝和枯叶。

（4）后期管理 后期管理的要点如下：

1）肥水管理：薯块伸长生长期肥水需要量大，在薯块开始形成时，重施薯块伸长膨大肥，追施 45% 复合肥 20～25 千克/亩，撒施后及时轻盖土。薯块伸长膨大盛期，植株生长明显缺肥的，追施 45% 复合肥 8～10 千克/亩，撒施后及时轻盖土。薯块伸长膨大后期，气温较低，看苗追肥，苗势弱的可根外施肥，叶面喷施 0.2%～0.5% 磷酸二氢钾。藤蔓爬满畦面后，可喷施 15% 多效唑可湿性粉剂 65 克/亩，兑水 60 千克/亩，喷洒叶片，控制植株生长，促进薯块膨大。薯块伸长生长期如遇干旱，要注意地面喷淋水（不宜漫灌），保持土壤湿润、疏松，促进薯块伸长生长。

2）零余子处理：山药生长后期，一些品种在叶腋间着生零余子，如不做种薯用，应及时摘掉，以免消耗植株养分，影响产量。

7. 适时收获

（1）收获期管理 山药一般从 11 月开始收获，可延续至第二年的 3～4 月。收获期容易遇到霜冻，在有霜冻危害的地区，山药生长后期，定向结薯期薯块成熟时有的会露出地面，没有地膜覆盖时要注意覆盖地膜，以防霜冻危害薯块，同时要切实做好排水工作，保障山药安全。

（2）收获与储藏 收获与储藏的要点如下：

1）收获：山药地上部茎叶老化变黄，薯块膨大充实，薯皮老熟，此时即可收获。采收时，首先用小型锄头从山药头部顺着套管方向将土壤轻轻扒开，让山药裸露出来，注意不要使山药和硬质材料破损，然后用手轻轻将山药拿起来，根据用途需要分别堆放或运输（图 4-14）。为便于储藏和长途运输，收获时，最好选择晴天上午采收，并将薯块就地晾晒 2～3 小时，使其表皮干爽，然后再进行分级包装、储运。

图 4-14　半套管山药收获

2）储藏：山药块茎可分室内储藏和就地储藏。室内储藏，宜存放在通风透气的地方，需要保持新鲜度的，可以沙埋储藏（图 4-15）。就地储藏，一般在没有霜冻或冻雨地区的山地或旱地，山药成熟后可以就地储藏，直到第二年 3～4 月，这样可以在地里储藏 2～3 个月，不影响产量和品质。

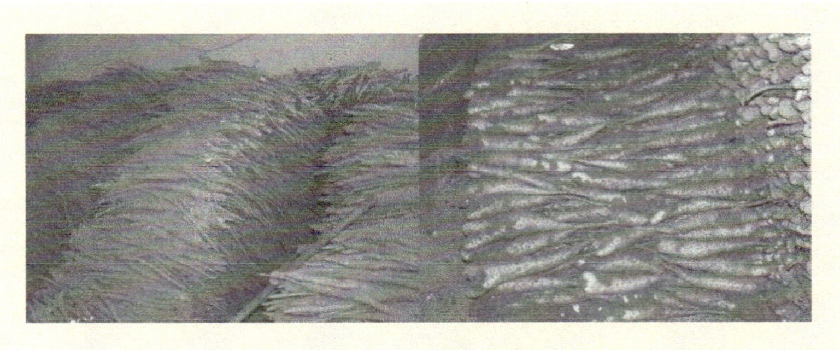

图 4-15　山药室内储藏

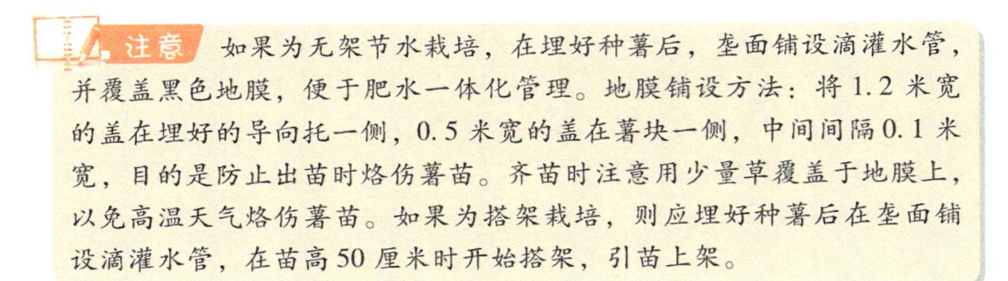

注意 如果为无架节水栽培，在埋好种薯后，垄面铺设滴灌水管，并覆盖黑色地膜，便于肥水一体化管理。地膜铺设方法：将 1.2 米宽的盖在埋好的导向托一侧，0.5 米宽的盖在薯块一侧，中间间隔 0.1 米宽，目的是防止出苗时烙伤薯苗。齐苗时注意用少量草覆盖于地膜上，以免高温天气烙伤薯苗。如果为搭架栽培，则应埋好种薯后在垄面铺设滴灌水管，在苗高 50 厘米时开始搭架，引苗上架。

三 塑料小拱棚设施化栽培技术

提示 山药生长需要足够的生育期和有效积温。塑料小拱棚山药栽培技术主要应用于无霜期短的北方地区，它可以在一定程度上满足该地区自然条件下山药生长发育对温度的要求，可延长山药的生育期，提高山药的产量。

1. 地块的选择

塑料小拱棚设施化栽培要选择背风向阳、土层深厚、土质肥沃、排灌方便的地块。

2. 整地施肥

3 月上中旬，土地解冻后及时进行整地施肥，栽培前对土地进行深翻起垄，深度在 50 厘米左右，垄高 20 厘米，垄宽 50 厘米，垄间距 30 厘米。起垄前，在垄内施入完全腐熟的优质农家肥 1000 千克/亩、尿素 10 千克/亩、磷酸二铵 20 千克/亩和氯化钾 10 千克/亩作为基肥。

3. 种薯的选择及处理

（1）种薯的选择 选择单薯重 80～100 克的种薯或 60 克以上的山药栽子进行播种。

（2）种薯的处理 播种前剔除腐烂、畸形或单薯重过大的种薯和山药栽子，以保证田间出苗整齐，植株生长势一致，便于田间管理。

4. 播种

西北地区山药塑料小拱棚播种适宜时间为每年 3 月上中旬，采取单垄双行法，在垄面两侧平行开沟，沟深 15 厘米，两沟间距 30 厘米，按株距30厘米播种，在垄上搭建塑料小拱棚。

5. 小拱棚搭建

搭建的小拱棚一般为南北朝向，能有效延长受光时间且受光均匀，适于早春生产。播种后，在垄两边用竹片插弓形架，离地面高60~80厘米，每100厘米插一根竹片，中间用细铁丝顺垄固定。一般两垄搭一个小拱棚，长度以地块而定，小拱棚间距60厘米。搭建小拱棚时，按照技术要求选用合格的建棚材料，小棚的肩部不宜过高，拱度均匀，棚架可用竹片或小竹竿，固定好棚架后在棚架上覆膜。

6. 田间管理

（1）苗期管理　山药播种后温湿度适宜的情况下一般30天左右出苗，出苗后当茎蔓生长到40厘米左右（5月下旬）即可拆除小拱棚，然后进行中耕除草。在茎蔓开始伸长时及时搭架，一般用竹竿或树枝的，长度在2米以上（图4-16）。

图4-16　山药搭架

（2）及时补灌　山药在出苗前一般不进行灌溉，6月中旬~7月下旬是山药补水的关键期，根据降雨情况进行田间灌水，一般要求每15天灌溉1次，灌3次，降雨多时，适当少灌。

（3）适时追肥　茎叶生长盛期，也是需肥旺盛期，一般在6月中旬以后。该时期需要适时追肥，追肥一般在7月中旬结合灌溉进行，追施尿素5千克/亩、磷酸二铵10千克/亩和氯化钾8千克/亩，9月上旬及时喷施叶面肥，延缓叶片衰老，一般喷施0.3%磷酸二氢钾。

7. 病虫害的防治

山药病害主要有炭疽病和斑枯病，虫害主要有线虫、蛴螬、蝼蛄和金针虫。防控原则要以预防为主，防治结合，以生物防治为主，化学防治为辅。

8. 适时收获与储藏

（1）采收珠芽 塑料小拱棚栽培的山药，在10月下旬茎叶枯萎后即可采收。采收时先用剪刀将主茎从地面剪断，抖落茎蔓上的珠芽，随后拆除架杆和茎蔓，收集地上的珠芽。

（2）山药薯块采挖 沿种植垄进行采挖，塑料小拱棚种植的山药深度一般在60～80厘米，根据种薯的毛根判断块茎的走向及位置，刨掉块茎周围的土块，使块茎外露，取出山药（图4-17）。

图4-17 山药薯块采挖

（3）山药储藏 采收的山药由于水分含量较高，容易断裂，并带有泥土，应先摆放在棚内晾晒3～5小时，清理薯块上的泥土，然后运回室内堆放，待全部采收完后集中整理，裁切栽子，分级出售或窖藏，栽子作为种薯储藏。

地窖要进行消毒处理。山药入窖前对窖体用福尔马林进行熏蒸或用0.3%高锰酸钾溶液进行消毒。将种薯分层堆放，层与层之间铺放5厘米净土间隔，最上面一层覆土20厘米。山药储藏的适宜窖内温度为

5～10℃。就地建造的半地下简易窖，最上层覆土应在50厘米以上，并在其上覆盖一定厚度的作物秸秆等保温材料，使窖内温度保持在4℃以上。

注意 搭建小拱棚时，棚膜四周用土压实，防止大风揭膜；小拱棚覆盖期间遇大风天要精心看护，随时压紧棚膜，及时修补棚膜孔洞及棚架倒伏部分；如遇降雪，应及时清除棚上积雪，防止压塌小拱棚；山药出苗后，气温和地温逐渐升高，当茎蔓生长到40厘米左右时（5月下旬）应立即拆除小拱棚，以防影响茎叶的生长。

四 山药“21111”栽培技术

山药“21111”栽培技术是广西农业科学院经济作物研究所山药研究团队于2009年研发的山药高效栽培综合关键技术，是利用国家公益性行业（农业）科研专项“山药高效栽培技术研究与示范”在广西、河南、山东、甘肃、江西和江苏等不同生态区的研究平台，根据北方地区山药边长苗边结薯、无霜期相对较短的特点，以延长有效生育期和有效积温来提高山药单产和品质为目的，围绕制约我国山药生产的共性技术进行研究与攻关提出来的。该技术核心内容包括“两早”（早催芽出苗，种植后早管理促苗生长）、“一拱”（利用薄膜小拱棚覆盖防寒保湿促苗生长）、“一防”（防除病虫害）、“一增”（结薯期增施钾素等肥料）、“一喷”（生长后期适量喷叶面肥保叶，提高光合能力）。该技术在西北、东北和华北等无霜期较短的地区一般可增产20%～25%。

1. “两早”

（1）早催芽出苗 采用常规栽培时，一般在4月中旬～5月上旬直接进行田间播种。该技术一般在3月中旬适当提早将山药种薯用草木灰加代森锰锌消毒后，集中进行晒种催芽，比当地正常发芽出苗时间提早10～20天。

（2）种植后早管理促苗生长 土壤解冻后及时进行深翻起垄，施足基肥（以有机肥为主），提前半个月进行田间管理，促苗早发。

2. “一拱”

“一拱”是指利用薄膜小拱棚覆盖防寒保湿促苗生长，一般采用搭建塑料小拱棚或地膜覆盖的方式。山药发芽要求土壤温度在15℃左右，所以当地温稳定在10℃以上时要及时抢时栽种，保证提前出苗，增加山药的前期生长时间。出苗后，当茎蔓生长到40厘米左右，需要及时拆除小拱棚或揭膜，进行中耕除草，以免养分缺失或由于温度过高造成烧苗。当茎蔓开始伸长时用长度为2米左右的竹竿或树枝及时搭架。

采用小拱棚和地膜覆盖栽培（图4-18），必须掌握盖湿不盖干、盖优不盖劣的原则，如此才能达到早熟高产。

注意　旱沙地盖膜后土壤温度在中午时易出现高温，致使幼芽干枯死亡；没有浇水条件的旱地，小拱棚和地膜覆盖后会造成严重干旱；在贫瘠土地上，盖膜后不便追肥，易造成后期肥力不足。

图4-18　山药拱棚和地膜覆盖栽培

3. “一防”

做好播种前、播种期、出苗期、结薯期的病虫害防治，防控原则要以预防为主，防治结合，并且以生物防治为主，化学防治为辅。山药病害主要有叶斑病、炭疽病和黑斑病等，虫害主要有蛴螬和线虫等。苗期受象甲类危害最严重，嫩叶先遭破坏，然后到茎蔓。6～7月是高温高湿季节，也正是薯块膨大的关键时期，容易感染炭疽病，应及时采取防治措施，早防早治。重茬地块采用客土栽培或错行栽培（即与原栽培行错开），可达到较好的预防效果。

4. “一增”

山药“21111”栽培技术比正常栽培技术提早出苗10～20天，因此在生育中后期要及时进行增钾补氮等措施。栽后90天左右，进入薯块膨大期，要施用攻薯肥，以增施钾肥为主，一般施用硫酸钾、磷酸二氢钾或尿素。

5. “一喷”

在生长后期适当增施钾肥，用0.2%～0.5%磷酸二氢钾溶液进行叶面喷肥，以延长叶片和根系的生长期，避免后期叶片早衰或根系活力下降。

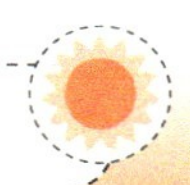

第四节　山药机械化栽培技术

关键知识点：

1）山药大垄双行机械化栽培技术：该技术在江苏、山东和河南等地应用较为广泛。为实现中耕、收获全程机械化，要求起垄时调整好轮距，使大垄垄距（轮距）为160厘米，双行行距为60厘米，垄高30厘米，小垄沟深10厘米，一次性形成大垄双行，达到与大型四轮拖拉机和机械旋耕起垄中耕一体机匹配，垄距和拖拉机轮距相吻合。

2）山药小垄单行机械化栽培技术：为了使小型四轮拖拉机和旋耕起垄中耕一体机匹配，也要求起垄垄距和拖拉机轮距相吻合，一次性形成小垄单行，小垄垄距（轮距）为85厘米，垄高28厘米。

3）山药机械打洞栽培技术：根据一定的栽培密度，在山药的播种位置用直径为5～10厘米的机械钻头垂直打洞，然后在洞里填充稻草、甘蔗叶或木糠等填充物，在洞口播种，使山药薯块顺着洞的方向生长。

一　山药大垄双行机械化栽培技术

山药大垄双行机械化栽培技术在江苏、山东和河南等地区应用较为广泛。

1. 机械化旋耕起垄

4 月中旬，用三点悬挂并带有可拆卸模块装置的 SGQZ-2 型旋耕起垄中耕一体机（连云港市元天农机研究所生产）进行整地起垄，配套动力为 44.13 ~ 58.84 千瓦（60 ~ 80 马力）的大型四轮拖拉机。

（1）工作原理 在大型旋耕机后安装 3 个分土器（2 大 1 小）和 1 个镇压模块装置，在旋耕的同时将碎土分到两侧成垄，一次完成旋耕、起垄、镇压作业。

为实现中耕、收获全程机械化，要求起垄时调整好轮距，使大垄垄距（轮距）为 160 厘米，双行行距为 60 厘米，垄高 30 厘米，小垄沟深 10 厘米，一次性形成大垄双行，达到与大型四轮拖拉机和机械旋耕起垄中耕一体机匹配，垄距和拖拉机轮距相吻合。

（2）大垄双行栽培技术的特点 实行标准化栽培，以大型四轮拖拉机完成机械化播种、中耕、追肥、除草、切蔓和收获等作业，实现山药生产的全程机械化，节约劳动力，提高效率。采用此技术，垄体高，垄间通风透气性好，有利于块茎膨大，双垄间的小垄沟有利于后期施肥、施药等操作。另外，后期收获时分段式收获机铲土量大幅度减少，机械化作业较为轻松。

2. 机械化播种

旋耕起垄后，可用 2MB-1/2 型大垄双行链勺式播种机（由青岛洪珠农业机械有限公司生产），进行三角形排列分布的机械化播种，株距（勺距）为 30 厘米，密度为 2780 株/亩。

（1）工作原理 大型四轮拖拉机通过动力输出轴将动力传给行走轮，行走轮上的主动轴将动力再传给中间轴，行走轮随大型四轮拖拉机前进而转动，通过链条将动力传给排种器，用两条带有取种勺的链条经输种管实现机械化三角形排列分布的均匀播种。

（2）机械化播种技术特点 大垄双行链勺式播种机具有工作平稳、适应性强和维修简单等特点，实现了合理密植，节省人力，大大提高了工作效率。

3. 机械化中耕、除草与培土

北方地区一般在5月下旬~6月上旬，当山药株高达到25厘米，田间尚未封垄前，用SGQZ-2型旋耕起垄中耕一体机进行中耕、追肥、施药、除草和培土等作业，利用中耕将前期雨水冲刷等原因导致塌陷的垄扶好，使垄宽和垄高再次达到起垄时的标准，从而达到保水保肥的效果。

其工作原理为：将旋耕起垄中耕一体机可拆卸模块（刀轴中部和镇压装置）去掉，通过两端分离的旋耕刀轴对垄沟进行旋切，铲除大部分杂草，并加固、加高大垄双行垄体。

4. 机械化切蔓粉碎还田

10月下旬，进入山药收获季节，用4KV-130型切蔓粉碎还田机（由连云港市元天农机研究所生产）进行藤蔓旋切粉碎还田作业，粉碎后的藤蔓可在土壤中分解并释放养分，相当于增加氮肥60~70千克/公顷。

其工作原理为：由大型四轮拖拉机驱动切蔓粉碎还田机高速旋转进行茎蔓粉碎，可将大部分茎蔓切成10厘米以内的小段，回田作为肥料，节约了清除藤蔓的用工，同时培肥了地力。

5. 机械化分段式收获

藤蔓粉碎后要进行大田晾晒，一般晾晒2天左右，再用4KU-130型多辊式收获机（由连云港市元天农机研究所生产）进行分段式收获。多辊式收获机进地后，一次即可完成挖掘、升运、分离和放铺等多项作业，把薯块集放成条，农户可根据需要进行人工捡拾、分级，然后用于储存或直接销售。

其工作原理为：该收获机的挖掘铲采用独立小铲，碎土好，避免了垄土堆积和茎蔓、杂草的缠绕；升运部件采用多辊分段配置，并配有升运链抖动机构，大大提高了抖动和分离效果，避免了山药薯块被埋入土中，使薯块的损伤率下降。该收获机具结构简单，牢固耐用，故障率低，筛土效果好。

提示 山药大垄双行机械化栽培技术的突破性在于：

1）打破了普通山药栽培对土壤的严格要求，拓宽了山药栽培的土壤类型，扩大了山药栽培范围，沙壤土、壤土或黏性土均可。

2）摒弃了普通山药传统的人工挖沟或机械化开沟的栽培模式，改变了挖深沟严重破坏土壤耕作层的栽培制度。

3）避免了夏季多雨时塌沟的现象。

4）山药无须搭架，并且解决了山药收获难的问题，使栽培更加轻简化和标准化。该技术的系列山药栽培技术简单，切实可行，易于推广，大大减轻了农民的劳动强度，保护了土壤耕作层的生态平衡，提高了劳动效率，可在我国大部分山药主产区推广应用。

二 山药小垄单行机械化栽培技术

山药小垄单行机械化栽培技术也是山药栽培机械化程度较高的一项新技术，在江苏、山东和河南等地区广泛应用。

1. 机械化起垄

4月中旬，用三点悬挂的3ZX-2型旋耕起垄中耕一体机（由连云港市元天农机研究所生产）进行整地起垄，配套动力为8.83～18.39千瓦（12～25马力）的小型四轮拖拉机。

工作原理：在小型分离式旋耕机后安装2个分土器，在旋耕的同时将碎土分开成垄。为了使小型四轮拖拉机和旋耕起垄中耕一体机匹配，也要求起垄垄距和拖拉机轮距相吻合，一次性形成小垄单行。小垄垄距（轮距）为85厘米，垄高28厘米（图4-19）。小垄单行机械化栽培技术的创新之处在于起垄后小型四轮拖拉机也能进地，可完成机械化播种、中耕、追肥、除草、切蔓和收获等作业。

2. 机械化播种

起好垄后，可用改进的2MB-1/2型小垄单行链勺式播种机（由青岛洪珠农业机械有限公司生产），进行直线形排列分布的机械化播种，株距（勺距）为23.3厘米，密度为3300株/亩。

图 4-19　小垄单行机械化栽培田间整地起垄

3. 机械化中耕

5 月下旬～6 月上旬，在山药株高达到 25 厘米，田间尚未封垄前，用 3ZX-2 型旋耕起垄中耕一体机直接进地作业，进行中耕、追肥、施药、除草和培土等作业，利用中耕将前期雨水冲刷等原因导致塌陷的垄扶好，使垄宽和垄高再次达到起垄时的标准，从而达到保水保肥的效果。

其工作原理为：将旋耕起垄中耕一体机可拆卸模块（刀轴中部和镇压装置）去掉，通过两端分离的旋耕刀轴对垄沟进行旋切，铲除大部分杂草，并加固、加高垄体。

4. 机械化还田

10 月下旬，在山药成熟收获前，用 4UJH-85 型切蔓粉碎还田机（由连云港市元天农机研究所生产）进行藤蔓旋切粉碎还田作业。

其工作原理为：由小型四轮拖拉机驱动切蔓粉碎还田机高速旋转进行茎蔓粉碎，可将大部分茎蔓切成 10 厘米以内的小段，回田作为肥料，节约了清除藤蔓的劳动用工，提高了工作效率。

5. 机械化收获

藤蔓粉碎后要进行大田晾晒，一般晾晒 2 天左右，待充分晾晒后用 4UJH-85 型小垄单行收获机（由连云港市元天农机研究所生产）进行分段式机械化收获。收获机进地后，一次即可完成挖掘、升运、分离和放铺等多项工序，把薯块集放成条，农户可根据需要进行人工捡

拾、分级，然后用于储存或直接销售。

其工作原理为：该收获机的挖掘铲采用独立小铲，碎土好，避免了垄土堆积和茎蔓、杂草缠绕；升运部件采用多辊分段配置，并配有升运链抖动机构，大大提高了抖动和分离效果，避免了山药薯块被埋入土中，使薯块的损伤率下降。该收获机具结构简单，牢固耐用，故障率低，筛土效果好。小垄单行机械化栽培技术适用于小面积的山药地块，其突破性技术同大垄双行机械化栽培技术。

三 山药机械打洞栽培技术

提示 山药机械打洞栽培技术是指根据一定的栽培密度，在山药的播种位置用直径为5~10厘米的机械钻头垂直打洞，然后在洞里填充稻草、甘蔗叶或木糠等填充物，在洞口播种，使山药薯块顺着洞的方向生长。此技术的优点是，在山药种植点上进行打洞，山药薯块定向生长，收获的时候顺着洞口方向进行挖薯采收，可提高人工收获的工作效率。缺点是该技术应用范围局限于土壤透气性好的平原地区，而在旱坡地种植应用时，往往因地块土壤过硬而不易开挖采收，费工费时，并且损伤薯条。目前，该技术已在我国南方部分地区推广应用。

1. 选地

选择地下水位低、土壤肥厚且排灌方便的沙壤土。

2. 整地、施肥

整地时，将腐熟有机肥1500~2000千克/亩和磷酸二铵50千克/亩撒施到地里，将土翻到行顶，盖住底肥。行距为1.0~1.2米，在行顶一边或中间（套种作物时则在行顶的一边）钻孔，按照山药品种的结薯习性选用不同的孔径进行打洞（图4-20），孔径一般有5厘米、8厘米和10厘米等，孔距（株距）一般为15~25厘米，孔径小的密度稍大，孔径大的密度稍小，孔深90~100厘米。将稻草等填充物填充到钻好的洞中，一般用干稻草250~300千克/亩，也可以用木糠和甘蔗叶等其他填充料替代。在广西桂平等稻田作物的后茬，利用该技术，效果较好，可达到优质高产的目的。

图 4-20　山药打洞机械

3. 种薯的选择及处理

（1）种薯的选择　选择无虫、无病、无损伤，发芽势旺的种薯。

（2）种薯的处理　种薯的处理要点如下：

1）薯块的处理：直径在 5 厘米以下的山药，可将其切成 4～5 厘米长的薯块，然后用草木灰、双飞粉或石灰蘸伤口，防止病菌感染，也可以用多菌灵 500～800 倍液等浸种消毒，待晾干后用于播种。山药直径大于 5 厘米的，可将其切成约 5 厘米长的薯块，再将薯块从中破开一分为二，用上述方法消毒防感染，待播种。由于山药块茎营养水平不一，各部分的发芽势不一致，在切种时需要对薯块进行分级，将头部、中部、尾部分开，种植时分别种植，便于后期管理。

2）零余子的处理：以零余子作为种薯的，选择 20 克以上，无病、无虫、无损伤的零余子直接用于播种。

4. 种植

（1）种植时间　山药的种植时间可从 4 月延续到 7 月，分春夏两季，春季种植一般在 4～5 月，可套种矮秆作物（花生、大豆、沙姜等）。夏季种植一般在 6～7 月，可在花生、大豆、早稻收获后进行种植。

（2）种植方法　种植时把山药种薯放在孔面上，生长点正对孔中央，在孔的侧面开浅沟，施用复合肥 15～20 千克/亩作为种肥，同时施用5%甲基异柳磷颗粒剂 1～2 千克防治地下害虫，然后盖种、盖药、盖肥。可在田间拉好滴灌管带，便于干旱时给水（图 4-21）。

图 4-21　田间滴灌管带铺设

5. 田间管理

（1）苗前管理　杂草多的地块，先进行人工除草，然后化学除草剂封闭，一般用乙草胺兑水喷洒。

（2）苗期管理　苗期管理的要点如下：

1）适时搭架：山药的打洞栽培一般都是间种或套种，因此必须搭架。种植后至破土期（苗高约 3 厘米）为最佳搭架时间，搭架过早由于出芽位置不易辨别而损伤薯块，过迟则影响藤蔓攀缘生长，影响薯蔓生长。搭架时，应根据地形、地势及抗风等综合因素，决定插扦方法、搭架位置和方式。单排插扦法：光照充足，促进光合作用，但此方法不够牢固，容易倒伏，不能保持长薯部位的土地湿润，不利于薯块生长。三角式搭架法：结构牢固，不易倒伏，有利于薯块生长（图 4-22）。

2）追施攻苗肥：山药种植后历经萌芽期、伸长期和破土期，苗高 10 厘米时，需要追施攻苗肥，一般施 25 千克/亩复合肥，施肥方法为：先开沟，然后深施肥，最后覆土。

3）查苗补苗：山药出苗后，要定期进行检查，发现缺苗的及时补种。当苗高 30 厘米时，单株茎蔓过多的植株要进行清苗，保留 1～

2 条壮蔓，将病弱的茎蔓去除。

图 4-22 山药三角式搭架法

（3）中期管理 山药的生长中期为地上部的旺长时期，既要保障地上部一定的生物量，又要根据田间情况适时控旺。

1）看苗追肥：根据田间薯苗的生长势，进行田间施肥，当发现地上部生长较弱时，要及时进行追肥，一般施复合肥 25 千克/亩、尿素 10 千克/亩和钾肥 7.5 千克/亩，搅拌均匀，最好在雨后施，并及时覆土；如果遇天气干旱，施肥后要进行灌水。

2）适时控旺：根据田间降雨情况及山药生长情况进行有效控旺，促进光合产物向地下部运输。进入 7～8 月，北方进入雨季，降雨较多会造成山药地上部过旺生长，叶面积过大，茎蔓过长，消耗过多的养分，影响地下部块茎的膨大，因此在雨季来临前要进行及时控旺。控旺方法：一般采用控旺药剂，也有通过打顶和剪枝的方法进行控旺。

（4）块茎膨大期管理 块茎膨大期管理的要点：

1）攻薯肥：山药的茎蔓尾部变小，叶色转变时，开始转入块茎膨大期，当薯长 5～10 厘米时，田间施攻薯肥，一般施复合肥 50 千克/亩，撒施或兑水滴灌。薯块伸长膨大后期，气温较低，看苗追肥，苗势弱的可实行根外施肥，叶面喷施 0.2%～0.5% 磷酸二氢钾。

2）灌水：山药薯块伸长期为山药生长的最关键时期，对水分最为敏感，此时期需水量大，但不能积水，以保持田间土壤相对含水量在 50% 左右为宜。有滴灌设施的每次滴灌到土壤湿润即可，采取多次滴灌；无滴灌设施的，若遇干旱要灌跑马水，但要注意不能积水。如果遇到降雨较多的情况，要进行及时排涝，避免田间积水过多，影响块茎的膨大。

3）喷施膨大素和抑芽丹：9 月以后可喷施膨大素或施用木薯膨大肥，可拌复合肥或单独施用。11～12 月可喷施抑芽丹，控制山药块茎顶端生长；或者用15%多效唑可湿性粉剂65 克/亩，兑水60 千克，喷洒叶片，控制植株生长，以促膨大和增加淀粉含量。

6. 适时收获

（1）收获 山药地上部茎叶老化变黄，薯块膨大充实，薯皮老熟，此时即可收获。为便于储藏和长途运输，收获时，最好选择晴天上午采收，并将薯块就地晾晒2～3 小时，使薯块表皮干爽，然后再进行分级包装、储运。

（2）储藏 山药机械打洞栽培一般都进行间套种，要求在 2 月前全部收获。收获的山药储藏于室内，宜存放在通风透气的地方，需要保持新鲜度的，可以沙埋储藏。

第五节 山药抗重茬栽培技术

关键知识点：

1）合理轮作：与玉米、小麦、萝卜和西瓜等作物轮作3～5 年，或者实行水旱轮作。

2）选用抗逆性强的品种：选用抗病品种，或者南种北移、不同品种轮换种植。

3）合理耕作：错位深翻土壤，客土改土，起垄栽培，或者进行冬前机械清沟。

4）土壤处理：在山药重茬栽培前，使用生石灰或其他具有杀菌性的农药，对重茬土壤进行处理。

5）合理施肥：增施有机肥，合理施用生物菌肥。

6）加强田间管理：保证苗齐、苗壮，提高抗逆性。

在生产上，块根块茎类作物，因重茬种植的原因，造成地上部生物量降低，地下部块根块茎产量减少，甚至因一些病原或线虫等，造成表皮伤害、腐烂，影响产量和品质，影响商品性和经济价值。重茬种植的作物一般发病率在10%～30%，严重的可达80%～90%，造成缺苗断垄，甚至枯亡、绝收。

山药是对重茬最敏感的作物之一。重茬栽培可导致山药生长势弱、抗性低、易早衰、块茎不膨大、产量和品质下降，连续两年重茬种植，减产幅度可达30%～70%，严重的甚至绝产。

提示 重茬也叫连作，是指同一种作物在同一地块上连续多年进行种植。例如，豆科植物、瓜类、蔬菜、草莓及某些中草药等，都会因重茬造成的植物根部出现病菌，造成植物枯萎病、叶枯病和病毒病等危害，严重影响作物生长。随着耕地越来越少，提高复种指数是解决人多地少问题的唯一办法，伴随着重茬，带来的是土传病害造成作物大面积减产，甚至绝产。抗重茬研究成为农业专家研究的重点课题，但迄今为止没有重大的突破性进展。

一 山药重茬栽培的减产原因

经多年、多点研究（彩图13），人们发现山药重茬栽培导致减产的主要原因有：

1. 山药重茬引发病害

山药重茬栽培2年或7年以上，造成土壤中的病原明显增多，其中主要导致线虫病、根腐病和黑斑病等，在适宜条件下，发病十分严重，由此造成山药产量和品质的显著下降，甚至造成绝产。可见，山药重茬引发土壤中病原菌增多是造成山药重茬栽培减产的最主要因素之一。

2. 山药重茬导致土壤板结，养分失调

山药重茬栽培，导致土壤物理性状发生一系列变化，造成土壤板结、通透性差、土壤中有益微生物数量减少，不利于山药根系对土壤养分的吸收利用。土壤板结导致土壤养分失衡，抑制了山药块茎的正常膨大。重茬种植的山药，根系选择性吸收弱，消耗土壤养分单一，

造成养分供给失衡，容易引发缺素症。

3. 山药重茬自毒现象

很多作物重茬会产生自毒现象。山药重茬栽培也存在这种现象，这可能是山药重茬栽培减产的另一个主要原因。山药重茬种植，在其生长发育过程中，根际微生物及根系活动过程中分泌出对山药生长发育有抑制作用的物质，影响块茎的形成。

二 山药抗重茬栽培应注意的问题

实行合理的轮作制度，避免作物重茬，是解决山药重茬、提高单产和栽培效益最有效的措施。由于土地资源有限，不能使山药与其他作物轮作的地方，尤其是有些山药品种对地域性要求又比较严格，重茬不可避免，可采用适当的栽培管理措施，配合使用化学药剂处理，进行药剂浸种、灌根或土壤消毒，也能在一定程度上缓解重茬带来的影响。然而，这种方式虽有一定的防治效果，但容易产生药害，造成环境污染，需谨慎采用。

1. 合理轮作

山药可选择与玉米、小麦、萝卜和西瓜等作物轮作3~5年，有条件的地方，可实行水旱轮作，提高山药的栽培效益。

2. 选用抗逆性强的品种

选用抗病或耐病品种，是减轻山药重茬栽培对产量和品质影响的经济有效的措施。在我国北方地区，可以通过品种比较试验，选择适合当地种植的抗病品种。实践证明，山药的南种北移往往会有较好的效果。另外，试验表明，不同类型品种轮换种植，也可以减轻山药重茬种植的危害。

3. 合理耕作

山药重茬栽培会使土壤紧实板结而缺少团粒结构，造成肥力下降。播种前，采用机械在重茬地块沟边进行错位深翻土壤，客土改土，起垄栽培，可以起到破坏重茬带来的土壤板结的影响，为山药根系生长发育和块茎膨大创造良好的土壤环境条件。同时，还可以实行冬前机

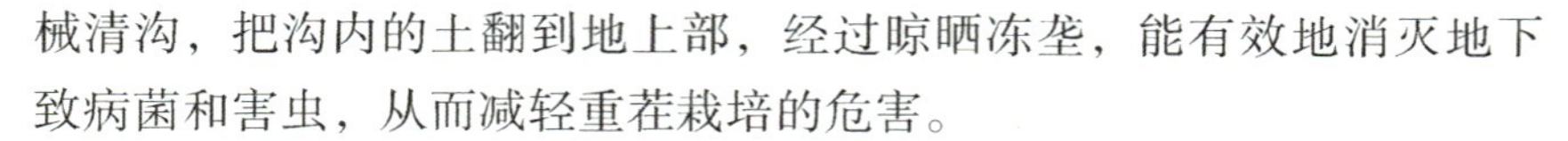

械清沟，把沟内的土翻到地上部，经过晾晒冻垡，能有效地消灭地下致病菌和害虫，从而减轻重茬栽培的危害。

4. 土壤处理

在山药重茬栽培前，使用生石灰或其他具有杀菌性的农药，对重茬土壤进行处理，调节土壤 pH，杀灭部分土壤中的病原，也对重茬栽培山药的产量和品质提升有较好的效果。

5. 合理施肥

对山药重茬地块增施有机肥，不仅可以平衡供给山药生长所需营养，而且也可以改善重茬造成的不良土壤环境，提高山药种植的经济效益。一般施用腐熟的优质有机肥 3500～5000 千克/亩。

抗重茬生物菌肥，近年来在作物生产上得到了广泛推广。实践表明，生物菌肥不仅能整合土壤中氮、磷、钾和有机质，为作物提供充足的营养，其活性物质对致病菌和根结线虫等还有明显的抑制作用，并能激发作物内源免疫力，增加作物抗体。针对不同山药重茬年限，对其耕层土壤养分含量测定表明，随着重茬年限的增加，土壤中水解氮和速效钾含量显著降低，而山药是典型的喜钾作物，因此，山药在重茬栽培过程中，要注意增施钾肥和补充氮肥。

6. 其他管理措施

加强田间管理，保证苗齐、苗壮，提高山药自身的抵抗力，是重茬山药高产栽培的关键，生产中应及时防治病虫害，清除杂草。

第六节　山药生产中的常见问题及预防措施

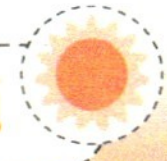

关键知识点：

在山药种植过程中，由于经验不足或种植技术不规范，出现一系列问题，如山药产量逐年降低，品质变劣，以及畸形、烂种等，严重影响了山药的产量、品质和商品性，农户的栽培效益严重下降，因此在山药种植过程中应多加注意。

一 山药畸形

1. 形成原因

(1) 土壤 山药种植地块的土壤中存有石块、砖块、沙砾和胶泥块等硬物，填沟时未能仔细地剔除或充分粉碎，山药生育中后期，块茎膨大过程中遇到这硬物，生长点受阻而改变生长方向，形成分杈、扁头等多种畸形。

(2) 施用种肥 山药种植过程中，为求苗壮和快速生长，农户往往过多地施用种肥（开沟后摆放山药栽子前撒入沟内），由于种肥施用过多或未能充分与土壤混合，摆放山药栽子时，栽子与种肥接触，把芽或生长点烧坏，造成块茎分杈、多头等畸形产生。

(3) 有机肥的错误施用 山药生育期较长，需要不断供给肥料，保证其正常生长发育。因此，在种植时一般要施用肥效较长的有机肥，如重施厩肥、堆肥、人粪尿和饼肥等，这些有机肥在施入田间之前均应经过充分发酵、腐熟，但有部分农户将春季的动物粪或未腐熟的人粪尿等直接施入土壤中，这些未腐熟的有机肥施到田间后，在经过发酵、腐熟这一分解过程中产生热量，从而导致山药根系和块茎损伤，形成分杈或块茎外表麻脸状等畸形，如果山药毛细根被烧坏，则影响养分的吸收，易产生蛇形、葫芦状畸形等。

(4) 地下害虫危害 山药地下害虫在块茎膨大初期或膨大过程中，咬食山药的生长点或山药薯块，造成山药商品性变差，甚至腐烂等。

2. 预防措施

(1) 精细整地 山药种植前进行精细整地、耙地，利用机械打碎或人工捡拾等方法，清除田间土壤中存有的石块、砖块、沙砾和胶泥块等硬物，保证土壤疏松，利于块茎膨大。

(2) 合理施肥，防止烧种烧苗 山药播种时，一定不能在种植沟内施用种肥，防治地下害虫的毒土、毒饵等也不能盲目加大剂量。正确的施用方法：将豆饼炒香，用90%敌百虫晶体30倍液拌湿或用3%的辛硫磷颗粒剂2.0~2.5千克/亩拌细土30千克/亩，均匀撒于播种沟内，使毒饵充分与土壤混合，能有效预防蝼蛄、蛴螬、金针虫和线虫等地下害虫的发生。然后，顺沟浇一遍小水，水渗后摆放栽子，覆土成垄。

（3）施用腐熟有机肥　有机肥如人粪尿、堆肥、厩肥和优质土杂肥，都是富含氮、磷、钾等多种营养元素的完全肥料。要利用夏秋两季气温高、易发酵腐熟的有利时机提前进行沤制，避免施入土壤中出现烧种或烧苗等现象。正确的施用方法：将有机肥和部分化肥在山药播种后施入山药行间，把腐熟的有机肥铺施于两行山药之间的畦面上，然后耧划翻土 15 厘米左右，使土与肥充分混合，然后将畦面的肥土覆于山药垄的两侧。

二　山药烂种死苗

1. 烂种死苗的原因

（1）种薯质量差　种薯质量的优劣，是决定山药齐苗壮苗及产量高低的关键。用受伤或未晾晒的栽子作为种薯，容易导致出苗慢、弱苗，严重时会引起烂种死苗。据调查，采用有新鲜伤口的栽子进行播种，烂种死苗率高达 50% 以上。因此，直接播种有新鲜伤口或没有充分晾晒的山药栽子，是造成山药烂种死苗的主要原因。

（2）多雨高湿，寡照低温　山药播种出苗期（4 月 15 日 ~5 月 15 日）降水量偏多，土壤湿度偏高，较长时间的寡照低温，使山药长时间浸泡在湿度大、温度低的土壤中，造成烂种死苗。

（3）播种深度　据调查，在烂种死苗田块中，埋种过深的田块占 65% 左右。原因在于，在多雨高湿、寡照低温等不良气候条件下，播种过深，导致山药薯块长期处在湿度大、温度低的环境中，萌芽受影响，萌芽薯块根系生长也受影响，从而发生腐烂等现象。

（4）品种差异　山药品种对播种要求不同，烂种死苗程度也差异显著。一般干物率高的品种烂种死苗率低，干物率低的品种烂种死苗率高。在山药主栽品种中，菜山药烂种死苗率明显高于米山药。

2. 预防措施

（1）选择优质种薯，确保播种质量　根据山药种植面积确定留种数量，在山药种薯收获过程中要尽量减少伤口，在储藏和出窖过程中也要避免种薯腐烂和受伤。用2～3年的栽子或段子时应将伤口蘸石灰粉或多菌灵粉剂并充分晾晒，要妥善保管，严防冻害。播种时，对栽子、薯块和零余子要进行精细挑选，剔除腐烂、破伤、虫咬等的种薯，保证播种质量。

（2）山药种薯的处理 山药播种前要进行种薯处理，特别是采用薯块播种的，药剂拌种后要进行自然晾晒，一般放在草苫或地面上单层摆匀进行晾晒（图4-23），经常翻动，防止雨淋，严禁把种薯块直接放在水泥场上。当种薯一端表皮变成褐绿色，水分蒸发掉30%～40%时即可停止晒种。

图4-23 山药种薯自然晾晒

（3）早打沟、早晒田 山药开沟起垄应在播种前10天完成，这样可以提高地温，有利于发芽出苗和减少烂种死苗。

（4）适期播种 当10厘米地温稳定在10℃以上，并且在播种前7～10天无连续阴雨天气时，可进行山药的田间播种。

（5）选择适宜的播种深度 山药最适播种深度为8～10厘米。播种过浅，如遇天气干旱，土壤墒情不足，则不利于发芽；播种过深，同时遇低温寡照或连续阴雨天气，容易烂种死苗。

三 山药种性退化

1. 产生原因

一是山药栽子连年使用造成生活力衰退，品质下降，商品性差，

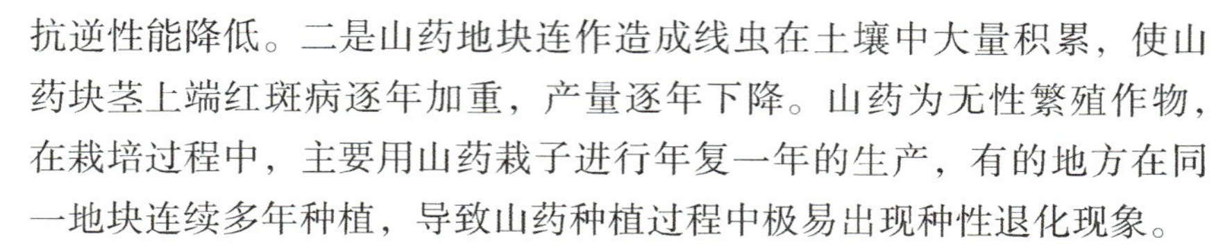

抗逆性能降低。二是山药地块连作造成线虫在土壤中大量积累，使山药块茎上端红斑病逐年加重，产量逐年下降。山药为无性繁殖作物，在栽培过程中，主要用山药栽子进行年复一年的生产，有的地方在同一地块连续多年种植，导致山药种植过程中极易出现种性退化现象。

2. 预防措施

生产上一方面对山药栽子进行更新，每3～4年用零余子重新繁育栽子或用山药段子对山药栽子更新一次，可有效防止山药种性退化；另一方面采用轮作换茬的栽培方式，可减少线虫等病虫害在土壤中的积累，以减缓种性退化的速度。

四　山药苗小苗弱，生长势不强

1. 产生原因

山药为无性繁殖作物，在山药栽培过程中，每年都需要大量山药栽子做种，一次性投入成本较大，一般情况下每年种植3500～5000株/亩，每株栽子的重量要求达到80～130克，按这个标准计算，需要栽子280～650千克/亩。部分农户为了减少投入成本，在种植时使用过小的山药栽子（50克/株），造成山药出苗不整齐、发棵弱，生长势不强，与使用标准的山药栽子相比，平均减产15%～20%。

2. 预防措施

山药种植过程中，一定要按照要求选择种薯，栽子、薯块和零余子选择过程中一定不能过小，一般要求栽子单株重80～130克、薯块4～5厘米、零余子在20克以上，加大生产投资，出苗后及时进行科学管理，达到苗强苗壮，为山药的优质高产打下基础。

五　山药塌架和捂秧

1. 发生原因

山药种植过程中，为避免相互遮阴，影响光合作用，导致减产，在山药出苗2周后，应及时搭架。搭架时一般选用2.3米左右的竹竿（竹竿直径至少达到2.5～3.0厘米），采用人字架或栅栏架较为牢固，抗风能力较强。但是在山药种植过程中，部分农户会盲目加高山药架的高度（达到2.5米以上），并且竹竿过细或不用钢丝捆绑，在偶遇大风或山药地上部长势旺，会造成塌架，损伤山药的茎蔓，造成山药减产，甚至绝产。另外，部分农户为节省投资，支架过低（1.5米以下），导致茎蔓相互遮阴，不利于通风透光，增加了田间湿度，加重了山药病害的发生，造成茎蔓过密而发生捂秧，使叶片发黄，严重时大面积落叶，大大减弱了叶片的功能和营养物质的积累，造成山药产量和品质的下降。

2. 预防措施

依据田间试验，山药架的最佳高度为1.8～2.3厘米；山药架材，如竹竿等的最佳直径为2.5～3.0厘米；搭架的最佳方式为人字架或栅栏架。竹竿的高度、茎粗要符合标准，搭架时要用8号铁丝捆绑竹竿，增强抗风性能。

第五章　山药间套作栽培技术

山药属攀缘性作物，喜光照，栽培时多采用起垄栽培，垄距一般为1.2～1.5米（北方地区栽培多采用0.9～1.0米）。其生长势，前期出苗生长缓慢，中后期生长量大。因此，山药也可以作为良好的间套种作物之一。山药与其他生长期相对较短、耐阴性较强的作物进行合理的间套种，不但可以提高土地利用率，而且，由于间套种2种或2种以上作物，施肥量增加，促进了山药产量的提高，也增加了间套种作物的收成，总体上提高了土地产出率。目前生产上广泛应用的山药间套作模式有山药套种苦瓜（菜豆）高效栽培模式、山药套种沙姜立体栽培模式及山药与黑小麦套种高效栽培模式，各地可根据实际情况探索更多的栽培模式，以提高栽培效益。

提示　北方山药和南方山药的生育期不同，北方山药的无霜期较短，生育期一般为150～180天；而南方山药的无霜期长，同时具有一定的对长日照结薯相对敏感的特性（多数品种是在9月以后的短日照条件下结薯的），生育期可达180～200天，甚至更长时间。

第一节　山药套种苦瓜（菜豆）高效栽培模式

关键知识点：

1）整地与茬口安排：1～2月整地，深耕后深施基肥，做高畦或沟垄，同时搭好山药架，合理安排套种苦瓜。茬口安排：苦瓜于2月末～

3 月初育苗，3 月中旬移栽；山药于 5 月上旬定植。

2）山药栽培技术要点：品种选择桂淮 2 号、桂淮 5 号和桂淮 6 号等，选择健康种薯，做好整地搭架、定植、田间管理、病虫害防治和适时收获等工作。

3）苦瓜栽培技术要点：品种选择广西大肉 1 号、2 号绿皮苦瓜和长丰 3 号，做好早育壮苗、适时移栽定植、田间管理和病虫害防治等工作。

山药套种苦瓜（菜豆）高效栽培模式在广西玉林市、贵港市和广东、海南、福建、江西等地应用较为广泛。山药种植时间一般在 5 月上旬 ~6 月中下旬，收获时间一般在 11 月下旬 ~ 第二年 1 月底，每年 2 月 ~5 月上旬是空闲时期。因此，为了充分利用土地资源，提高土地使用率，可利用山药地的立柱、铁丝和竹子等现有资源进行合理套种苦瓜或菜豆。在广西荔浦县，近年来山药套种苦瓜高效栽培模式迅速得到普及和推广，苦瓜产量达 2500 千克/亩，山药产量达 2500 千克/亩，经济效益显著。

一 整地与茬口安排

1 ~2 月整地，深耕后深施基肥，施用腐熟农家肥 10000 千克/亩和过磷酸钙 50 千克/亩，混合均匀后做高畦或沟垄，单行种植时畦宽 1.0 米，双行种植时畦宽 1.5 米。畦面挖深沟，沟距 1 米，沟宽 20 ~ 30 厘米，沟深 1 米以上，起畦或沟垄最好为南北向，利于光照和通风。同时搭好山药架，合理安排套种苦瓜。茬口安排：苦瓜于 2 月末 ~3 月初育苗，3 月中旬移栽，5 月中旬上市；山药于 5 月上旬定植，12 月采收。

二 山药栽培技术要点

（1）品种选择 选择高产、抗病力强的山药品种，如在南方地区，可选择桂淮 2 号、桂淮 5 号和桂淮 6 号等，其上市早又适应广西、

广东及周边地区的消费习惯。

（2）种薯选择　选择粗壮、生长势均匀、无病虫害、无损伤的山药茎段或零余子做种。定植前20～25天取出种薯并切块晒种1～2小时，将晒好的种薯用25%多菌灵可湿性粉剂800倍液浸泡10分钟，取出晾干后直接铺在铲平的畦面上，厚度约为15厘米，用细土覆盖5～10厘米即可。温度低时可覆膜保温。

（3）整地搭架　1～2月整地，垄向最好为南北向，利于光照和通风。同时搭好山药架，合理安排并布置好套种苦瓜、菜豆。

（4）定植　5月上旬，经催芽的种薯芽长3～5厘米时，根据芽的长短分级定植。移栽选晴天进行，下午比上午好，特别是采用育苗方式栽培时更应注意。可单行和双行种植，单行种植时株距为12厘米左右，双行种植时株距为25～30厘米。肥水较好的地块种植2500株/亩，肥水一般的地块种植2200株/亩。栽后立即浇定根水，以确保种芽成活。

（5）田间管理

1）定苗。出苗后，苗数过多，消耗养分，影响生长发育，应在苗蔓长到30厘米时，把病弱苗除去，每穴留1～2株粗壮苗。

2）中耕除草。山药生长几个月后，土壤容易板结，杂草生长，必须加强中耕除草，第1次中耕宜浅，保持畦面疏松、无杂草。

3）追肥。山药需要充足的营养供给根系生长，除了施足基肥外，还要进行追肥。第1次追肥在幼苗长至20厘米时，主要促幼苗生长，一般施复合肥20千克/亩；第2次追肥在6～7月，主要促幼苗茂盛，一般施复合肥20千克/亩或尿素5千克/亩，兑水施用；第3次在8月中旬，培土施肥，促根生长，一般用农家肥500千克/亩加花生麸50千克/亩；第4次在9月上旬，施膨大肥，一般用三元复合肥50～60千克/亩，或者农家肥500千克/亩。

4）控制地上部旺长。当山药藤蔓长到架顶时，将顶部的芽摘除，可抑制地上部过旺生长，有利于营养物质在块茎积累，也可以用控旺药剂抑制藤蔓旺长。

（6）病虫害防治 山药的主要病害有褐腐病、黑斑病和炭疽病，虫害有叶蛾类、蚜虫、螨类等。病害防治主要采用代森锰锌或甲基托布津，虫害防治主要采用菊酯类农药和蚜虱净等。病虫害防治要尽早，以控制病虫害的传播和蔓延。

（7）适时收获 山药地上部叶片开始枯黄时，可根据市场情况合理安排采收时间。采收时可进行分级，采取分级销售，以提高栽培收益。

三 苦瓜栽培技术要点

（1）品种选择 山药套种苦瓜，苦瓜应选择中早熟的高产品种，如广西大肉 1 号、2 号绿皮苦瓜和和长丰 3 号等，其上市早又适应广西、广东及周边地区的消费习惯。

（2）早育壮苗 采用地膜育苗，1 月中旬开始育苗，大田用种量为 200～300 克/亩，在简易覆膜小拱棚内采用营养杯育苗。营养土选择肥沃、疏松、透气性好的土壤，与充分腐熟的农家肥按 6∶4 混合均匀后，用 600 倍多菌灵溶液进行消毒并覆膜闷 2 天后掀膜，经过 1 周即可装入营养杯育苗。苦瓜种皮厚而坚硬，吸水较慢，以浸种催芽播种为好。先用 55～60℃的温水浸种 15 分钟，再在常温水中浸泡 12 小时以上，催芽 2～3 天，种子露白后即可播种，每个营养杯播 1～2 粒。播种后搭简易小拱棚并覆膜保温育苗。

提示 苦瓜喜好强光，因此强调使用厚度为 0.004 毫米的薄膜，苗期加强通风炼苗，防止幼苗徒长。

（3）移栽定植 2 月下旬～3 月中上旬，当气温稳定在 15℃，地温稳定在 12℃，即可播种苦瓜，当苦瓜幼苗长至三叶一心，即苗龄 30 天左右即可定植移栽。套种的苦瓜，宜采用单行种植，株距 40 厘米，基施农家肥 500 千克/亩或硫酸钾复合肥 30 千克/亩。苦瓜苗龄为 20～25 天，幼苗五叶一心时开始定植。在整好的畦面或沟垄上种植，株距 50 厘米，种植密度为 900～1000 株/亩。栽后及时浇足定根水，以促使快缓苗、早发棵。浇水后用 40% 敌百虫 800 倍液或 40% 阿维菌素

800 倍液喷施定植穴周围，可防治小地老虎或蝼蛄。

（4）田间管理　山药套种的苦瓜，其田间管理要与山药管理同步进行。

1）开排水沟，防渍水，苦瓜幼苗忌积水，容易死苗。

2）多次追肥。苦瓜连续结瓜期长，应进行多次施肥，一般每采瓜 2～3 次就追 1 次肥，一般追施三元复合肥或腐熟的人粪尿，保证足够养分供应是苦瓜高产的基础。

3）病虫害防治。苦瓜在高湿季节常发生炭疽病和褐斑病等，在干旱季节易受蚜虫、白粉虱等害虫危害。防治炭疽病、褐斑病可用 70% 甲基托布津可湿性粉剂 800～1000 倍液或 75% 百菌清可湿性粉剂 800 倍液；防治蚜虫可用蚜虱净 3000 倍液或灭扫利 40～60 毫升兑水喷洒；防治白粉虱可用 20% 杀灭乳油 5000 倍液喷洒。

4）适时采收。山药套种的苦瓜，采收要及时，过早采收会导致产量低，产品达不到标准，而且风味、品质和色泽也不好；过晚采收，不但赘秧，影响产量，而且产品不耐储藏和运输。一般就地销售的苦瓜，可以适当晚采收；长期储藏和远距离运输的苦瓜，则要适当早采收；冬季收获的苦瓜可适当晚采收，夏季收获的苦瓜要适当早采收；用于冷链物流的苦瓜可适当晚采收，常温运输的苦瓜要适当早采收；市场价格较贵的冬春两季，可适当早采收。

四　菜豆栽培技术要点

山药套种菜豆与套种苦瓜的技术基本相同。

（1）品种选择　选择高产、早熟、抗性好、商品率高的双丰 3 号、碧丰菜豆品种。

（2）适时播种　套种菜豆宜提早播种，采用直播方法，于 4 月中旬点播于原有山药架下，穴播 2～3 粒，用种量一般为 2 千克/亩左右。

（3）田间管理　在幼苗长至 2 叶期后用稀粪水浇施催苗，以后可逐渐加大浇施粪水的浓度，进入结荚期，要保证肥水充足。每采收 1～2 次施 1 次粪水，开花结荚期用 0.5% 磷酸二氢钾进行叶面追肥，

每7天喷1次，连喷3次，可促进多开花、多结荚。菜豆的主要病害有炭疽病、枯萎病、根腐病和疫病等，可选用50%多菌灵、70%甲基托布津防治；虫害主要有蚜虫、豆荚螟和美洲斑潜蝇等，可用海正灭虫灵和蚜虱净等防治。

(4) 适时采收 定植后45～50天开始采收，盛收期每2～3天采摘1次。

第二节 山药套种沙姜立体栽培模式

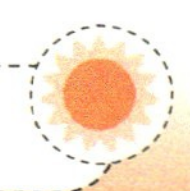

关键知识点：

1) 选地、整地：起好畦，一般畦高20厘米，畦面宽100～120厘米，沟宽30～40厘米。

2) 准备种薯种苗：选择健康无病的种薯种苗。

3) 适时种植：3～4月进行田间种植。在种植山药的同时套种沙姜。

4) 合理施肥：8月中旬～9月上旬重施山药膨大肥，7～9月施足沙姜膨大肥。

5) 水分管理：山药和沙姜的生长不需要太多的水分，保持土壤湿润即可。

6) 整枝引蔓：山药苗高25～30厘米时插竹竿引蔓，并摘除侧蔓。

7) 病虫害防治：沙姜的病害主要是姜瘟和炭疽病。山药的病害主要是褐腐病、黑斑病和炭疽病，虫害有叶蛾类、蚜虫和螨类等。

8) 适时采收：山药、沙姜从种到收约需280天，一般12月中下旬即可收获。

沙姜属于矮生草本植物，又称山柰、山辣，以根茎入药，温中化湿，行气止痛，主产于广东、广西和云南等省区，主要作为食品和菜肴佐料使用，也是香料中的一种原料，具有较高的经济价值。沙姜性喜温暖、湿润气候，不耐寒，对土壤的要求不高，但以排水良好、疏松、富含腐殖质的沙壤土为好。

山药套种沙姜是将山药和沙姜两种作物高低搭配的栽培模式，这样具有良好的互补性，可以充分利用温、光资源，提高土地产出率，综合效益显著。该模式利用沙姜作为矮生草本植物（株高在30厘米以下）较耐阴的特点，可在距山药植株10厘米以外的区域套种，而山药则采用地面支架引蔓栽培。

一　选地、整地

山药套种沙姜，要选择排水良好、土质疏松的沙壤土。1～2月要及时进行深耕整地，使土壤充分风化，结合深耕施复合肥（氮∶磷∶钾＝15∶15∶15）50千克/亩作为基肥。种植前起好畦，一般畦高20厘米，畦面宽100～120厘米，沟宽30～40厘米。

二　种薯种苗准备

山药种薯的选择方法可参考山药套种苦瓜高效栽培模式中的介绍。沙姜，宜选用生长健壮、无病虫害、皮色鲜艳发亮、饱满芽多的根茎。

三　适时种植

3～4月进行田间种植。在种植山药的同时，套种沙姜。具体方法是：在距山药种植行10厘米的两侧，按照12厘米×20厘米的株行距种植沙姜，每穴播种姜种2～3块，成品字排列，芽眼朝向两侧，不要倒放或平放，然后用土杂肥盖种，再略壅土至畦平面，沙姜种植密度为2.5万～3万株/亩。沙姜在播种前要进行姜种处理，一般采用800～1000倍多菌灵或百菌清溶液浸种消毒。

四　田间管理

（1）山药追肥　8月中旬～9月上旬是山药地下块茎的形成期，要重施膨大肥。可在山药与沙姜种植区中间开浅沟，施复合肥50千克/亩。10月中旬再施复合肥30千克/亩。

（2）沙姜追肥 出苗后至封行前，每20～30天进行中耕、除草及松土作业1次，封行后不宜再中耕，以免植株受损。5月中旬（沙姜花期）施复合肥（氮∶磷∶钾＝15∶15∶15）40～50千克/亩，7月中旬施复合肥（氮∶磷∶钾＝15∶15∶15）50～60千克/亩。7～9月是沙姜生长旺盛时期，此时要足量施肥，以加速根茎膨大生长，增加产量。

（3）水分管理 山药、沙姜的生长不需要太多的水分，保持土壤湿润即可。如果山药块茎膨大期遇天气干旱，可灌跑马水1～2次，以保持土壤湿润。

（4）整枝引蔓 当山药苗高25～30厘米时，插竹竿（长2.0～2.2米）进行引蔓，不断摘除主蔓1.2米以下的侧蔓。7月以后，如果山药地上部过旺生长，要进行田间控旺，一般每亩用25～30克多效唑兑水15千克，均匀喷洒在山药的茎叶上。

五 病虫害防治

沙姜的病害主要是姜瘟和炭疽病。姜瘟以防为主，发现病株要立即用多菌灵、百菌清等农药兑水灌根，并对其他未发病株进行喷雾预防，每隔7～10天喷1次，连喷3次。防治炭疽病可喷施多菌灵、百菌清、菌毒清等农药。山药病虫害防治参考山药套种苦瓜高效栽培模式中病虫害的防治方法。

六 适时采收

山药、沙姜从种到收约需280天，一般3月中下旬种植，12月中下旬即可收获。山药鲜薯产量为2000～3000千克/亩，沙姜鲜姜产量为1500～2500千克/亩。可根据市场情况选择收获时间和储存方式。采收时，可对山药和沙姜进行分级，采用分级销售，以提高栽培效益。

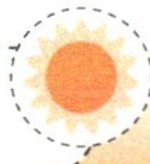

第三节　山药与黑小麦套种高效栽培模式

关键知识点：

1）紫山药两段式育苗：育苗时间为4月15日~4月25日，选择徐农紫药、黄岩紫莳药等紫山药新品种。黑小麦收获后将处理好的山药种薯分批进行播种。

2）黑小麦收获：6月5日~6月10日。

3）紫山药栽插：6月11日~6月15日，实行分批栽插。

4）紫山药田间管理：发棵期使用乙草胺或丁草胺进行田间封闭，用旋耕起垄中耕一体机进行1~2次中耕、除草、培土作业，并配合追肥、施药等；茎叶盛长期用多效唑、烯效唑、缩节胺或矮壮素等化学药剂进行田间控旺；薯块快速膨大期用0.2%磷酸二氢钾等进行叶面施肥，以防茎叶早衰现象的发生。

5）紫山药收获：11月15日~11月20日，紫山药叶色逐渐由绿色变浅转为黄色，上、下薯块的皮色逐渐接近，趋于成熟，用半圆形紫山药收获器进行田间机械化收获。

6）黑小麦播种：10月21日~10月25日，选择漯珍1号、宛麦20等黑小麦良种进行播种。

7）黑小麦田间管理：安全越冬期要进行查苗补缺、早施苗肥、中耕松土及化学除草等管理；拔节孕穗期要巧施拔节肥、孕穗肥，并根据土壤墒情和苗情适当浇水；扬花成熟期要适时浇好开花、灌浆水，抗旱防涝；灌浆初期喷施0.2%磷酸二氢钾叶面肥；用多菌灵、粉锈宁、抗蚜威粉剂和井冈霉素等防治黑小麦病虫害。

山药与黑小麦套种高效栽培模式，以薯为主，粮薯兼收，是江苏徐淮地区徐州农业科学研究所创新的一种高效栽培模式。黄淮地区传统的栽培模式是夏季收一季小麦、秋季轮作再收一季玉米或大豆或花生或甘薯等，是传统意义上粮食作物的一年两熟制栽培模式。黄淮地区作为我国小麦和山药的主产区之一，雨水丰沛，日照充裕，土壤深

厚，质地疏松，气候与土壤条件均适宜多种作物的生长。另外，该地区劳动力资源丰富，并且农民有种植一年两熟制作物的传统习惯和实际操作经验。

江苏徐淮地区徐州农业科学研究所总结当地山药与其他作物套种栽培模式，从充分利用水分、养分和光热资源，有效地提高复种指数和单位面积产量考虑，将紫山药和黑小麦进行套作，形成一年两熟制的高效栽培模式。黑小麦和紫山药新品种为目前国内种植的优良品种，丰产稳产，抗逆性强，产品质量好，市场价格高且稳定，黑小麦产量稳定在500～600千克/亩，紫山药产量稳定在500～2000千克/亩。采用该技术模式，黑小麦和紫山药一年两熟，经济效益较高，目前已在该地区广泛推广应用。

一 紫山药两段式育苗

紫山药育苗时间为4月15日～4月25日，选择徐农紫药、黄岩紫莳药等紫山药新品种。育苗方式为两段式育苗，可提高紫山药薯苗质量，保证苗多、苗匀、苗壮、苗早发，为秋季紫山药优质、高产、高效打下基础。

（1）种薯处理 选无病、无虫、无冻害的薯块。紫山药种薯切块标准为50～60克/块，用多菌灵或代森锰锌原粉和生石灰粉按1∶3比例混合拌种并晒种；将切块按头、中、尾分开用3膜（大棚、小拱棚、地膜）冷床育苗，出苗后去除其他多余侧枝，留1个主枝。

（2）播种时间 黑小麦收获后将处理好的紫山药种薯分批进行播种。

二 黑小麦收获

6月5日～6月10日，黑小麦籽粒饱满，成熟度达90%～95%，适于机械化收割时，用收割机进行机械化收割，籽粒损失率控制在1%～3%。

三 紫山药栽插

6月11日～6月15日进行田间栽插，实行分批栽插。紫山药苗栽

插时留1个主枝，去除其他多余侧枝。紫山药苗要求垄作，垄距为85～90厘米，垄高25～28厘米，株距为28～30厘米，先浇水后栽苗，密度为2500株/亩。栽插时用5%丁硫克百威颗粒剂和3%辛硫磷颗粒剂等量混合，按2.0～2.5千克/亩穴施，或者用30%辛硫磷微胶囊剂兑水5倍蘸根5分钟，可防治紫山药根结线虫和地下害虫蛴螬。

四　紫山药田间管理

（1）发棵期　紫山药栽插后即可喷施乙草胺或丁草胺（除草剂）500倍液进行田间封闭，一般用量为45千克/亩。紫山药苗未封垄前，当杂草长至3～5叶期可喷施精喹禾灵、氟吡甲禾灵、草甘膦异丙胺盐、盖草能或扑草净等除草剂进行田间除草。7月下旬为紫山药发棵期，用旋耕起垄中耕一体机进行1～2次中耕、除草、培土作业，并配合追肥、施药等，起到对紫山药培垄保墒的作用。

（2）茎叶盛长期　要求紫山药地上部生长势平衡，群体稳健，搭好丰产架子，防徒长，控旺长。8月为茎叶生长旺盛期，用多效唑、烯效唑、缩节胺或矮壮素等化学药剂进行田间控旺。施用咪鲜胺、苯醚甲环唑或戊唑酮其中一种药，代森锰锌、多菌灵或百菌清其中一种药，2种药液轮换喷施1～2遍，间隔5～7天，可防治山药炭疽病。

（3）薯块快速膨大期　要求紫山药地上部稳长不旺长，防早衰，防病虫害，促薯块快速膨大。9月为薯块快速膨大期，用0.2%磷酸二氢钾等进行叶面施肥，以防茎叶早衰现象发生。

五　紫山药收获

11月15日～11月20日，紫山药叶色逐渐由绿色变浅转为黄色，上、下薯块的皮色逐渐接近，趋于成熟，用半圆形紫山药收获器进行田间机械化收获。装卸及运输时做到“四轻”，即轻拿、轻放、轻装和轻运。按照市场需要进行分级，一般0.2～0.3千克的薯块为一级，作为商品薯出售；大于0.3千克及部分损伤或有病虫为害的薯块为二级，作为加工原料用；小于0.2千克的薯块为三级，作为第二年的种薯储藏备用。紫山药种薯用多菌灵 1000～1200 倍液喷洒消毒，若有部分种薯烂坏，只能用生石灰粉喷撒，切记不能翻动种薯。紫山药在冬季安全储藏的适宜温度为 15～18℃。

六　黑小麦播种

10 月 21 日～10 月 25 日，选择漯珍 1 号、宛麦 20 等黑小麦良种进行播种，要保证黑小麦苗全、苗匀、苗壮、苗早发。播前严格用 30% 甲拌磷或 1 号小麦种衣剂拌种并彻底晾晒。黑小麦播种，要求墒情适中，精量机播，播种量为 18～20 千克/亩，播后镇压 1 次。

七　黑小麦田间管理

（1）安全越冬期　11 月～第二年 2 月为黑小麦安全越冬期，此期的管理工作主要是在苗全、苗匀的基础上，力争黑小麦壮苗早发，促根增蘖。要做好查苗补缺、早施苗肥、中耕松土及化学除草等工作。

（2）拔节孕穗期　3～4 月为黑小麦拔节孕穗期，此期的管理工作主要是促进分蘖分化，控制基部节间过长，增加小花数，提高结实率。要巧施拔节肥、孕穗肥，并根据土壤墒情和苗情适当浇水。喷施 33～50 克/亩多效唑粉剂，可防止黑小麦倒伏。

（3）扬花成熟期　5～6 月为黑小麦扬花成熟期，此期的管理工作主要是养根护叶，防早衰，力争粒大粒饱。要适时浇好开花、灌浆水，抗旱防涝，以维持田间持水量在 70%～80%。在灌浆初期喷施 0.2% 磷酸二氢钾叶面肥，一般喷施量为 50 千克/亩。做好黑小麦病虫害防治工作：赤霉病用 50% 多菌灵或 50% 甲基托布津粉剂 800 倍液防治；锈病用 15% 粉锈宁可湿性粉剂 60～100 克/亩防治；蚜虫可用 50% 抗蚜威粉剂 6～8 克/亩或 40% 乐果乳油 10～15 克/亩防治；纹枯病选用 5% 井冈霉素水剂 100～150 毫升/亩，兑水 50～75 千克/亩，喷雾防治。

第六章　山药主要病虫害及其防治技术

近年来，随着环境条件的变化和山药种植面积的扩大，山药病虫害有逐年加重的趋势，而且还不断出现新的病虫害或生理小种。全球变暖也导致山药病源和虫源日益活跃，加之我国南北方间种薯频繁调运，病虫害也随之出现了互相交流的现象，导致南病北扩，南虫北移等现象。山药主要病害有炭疽病、线虫病、根腐病、褐斑病、叶斑病、枯萎病、褐腐病、斑枯病和斑纹病等；地下害虫主要有蛴螬（金龟子的幼虫）和金针虫等，地上害虫主要是食叶及食苗类昆虫，如金龟子、蝼蛄、地老虎、斜纹夜蛾、叶蜂和蟋蟀等。病虫害的发生给山药的产量和品质造成严重影响，导致栽培效益下降。

第一节　山药主要病害

关键知识点：

1）植物检疫：种薯调运时，要严格进行检疫，禁止从病区引种，禁用带病的山药种。

2）农业防治：选用抗病品种；实行轮作；消除病残体；搭高架，以利于通风透光；合理密植；中耕除草，科学施肥；培育壮苗，增强植株的抗病性。

3）药剂防治：常用药剂，炭疽病为多菌灵可湿性粉剂、甲霜灵·锰锌可湿性粉剂或甲基托布津可湿性粉剂；线虫病多为米乐尔颗粒剂、克线磷颗粒剂、灭克磷颗粒剂、阿维菌素乳油或福气多颗粒剂；根腐病多为百菌清可湿性粉剂、可杀得2000干悬浮剂、清土可湿性粉剂或地菌虫杀可湿性粉剂；褐斑病多为百菌清可湿性粉剂、多菌灵可湿性粉剂或甲基硫菌灵·硫黄悬浮剂；叶斑病多为波尔多液、多菌灵可湿性粉剂、甲基托布津可湿性粉剂、百菌清可湿性粉剂或甲霜灵·锰锌可湿性粉剂；枯萎病多为代森锰锌可湿性粉剂或杀菌王水溶性粉剂；褐腐病多为甲基硫菌灵可湿性粉剂、百菌清可湿性粉剂或甲基硫菌灵·硫黄悬浮剂；斑枯病多为甲霜灵·锰锌可湿性粉剂、雷多米尔可湿性粉剂、炭疽福美可湿性粉剂、甲基托布津可湿性粉剂、扑海因可湿性粉剂或可杀得微粒剂；斑纹病多为可杀得2000干悬浮剂、福美双粉剂或波尔多液。

4）植物诱杀：种植易感线虫的蔬菜，如小白菜、香菜、生菜和菠菜等防治线虫病。

一 炭疽病

炭疽病是山药的主要病害，发病地块减产高达20%～30%，甚至绝收。防治山药炭疽病首先要选用抗病品种，选择无病种薯，并且要避免重茬，科学施肥，培育壮苗，必要时可选用药剂防治。

【病原特征】 炭疽病是一种真菌性病害，病菌有性态属子囊菌亚门围小丛壳，无性态属半知菌亚门胶孢炭疽菌。围小丛壳在PDA培养基上产生子囊壳，集生，近球形，大小为（104～168）微米×（91～155）微米；子囊呈棍棒状，单层壁，大小为（47～62）微米×（10～14）微米；子囊孢子单胞，无色，椭圆形至长卵形，略弯曲，大小为（13～19）微米×（4～6）微米。

【症状】 炭疽病主要为害山药叶片、叶柄和茎蔓。为害叶片时，发病初期在叶脉上产生凹陷的褐色小斑，随后变为黑褐色，病斑逐渐扩大，并散生许多黑色颗粒状分生孢子盘（彩图14）；为害叶柄时，病斑初为暗绿色小点，后逐渐扩大成不规则的长条形斑，褐色至黑褐色，多发生在叶柄与叶片或叶柄与茎蔓的交界处，极易造成大量落叶；

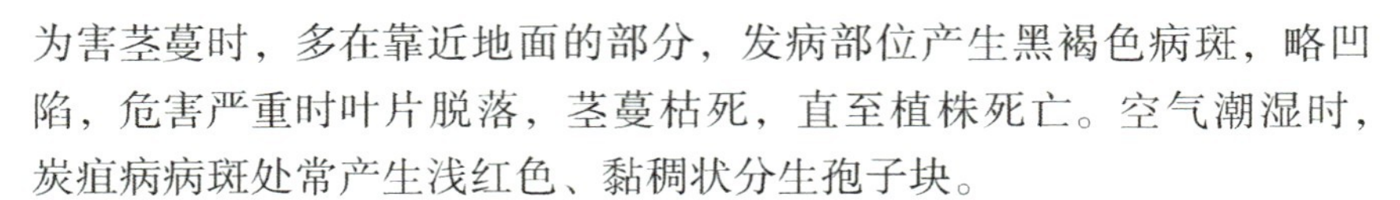

为害茎蔓时，多在靠近地面的部分，发病部位产生黑褐色病斑，略凹陷，危害严重时叶片脱落，茎蔓枯死，直至植株死亡。空气潮湿时，炭疽病病斑处常产生浅红色、黏稠状分生孢子块。

【传播途径和发病条件】 炭疽病病菌主要以菌丝体和分生孢子盘在病株上或土壤中的病残体上越冬，第二年产生大量分生孢子借风雨传播。适宜发病温度为25～30℃，相对湿度为80%，高温多雨季节、田间通风透光不良和偏施氮肥的地块发病重。北方地区发病盛期一般在7月中旬～8月中旬，8月下旬病情发展趋缓，9月上旬基本停止。

【防治措施】

1. 农业防治

选用耐涝品种、无病种薯；实行轮作，避免重茬；收获后将发病株集中烧毁，冬季深翻、晾晒土壤，降低病菌基数；尽量搭高架，以利于通风透光；合理密植，及时中耕除草，科学施肥，基肥以腐熟的有机肥为主，增磷补钾控氮，培育壮苗，增强植株的抗病性。

2. 种薯消毒

选择健壮无病的山药种薯。用栽子作为种薯时，伤口处蘸生石灰；播种前用50%多菌灵可湿性粉剂500～600倍液浸种，然后在太阳下晾晒2～3天，以促进伤口愈合。

3. 药剂防治

出苗后，喷洒1∶1∶50的波尔多液可预防炭疽病，每10天喷洒1次，连喷2～3次。发病后可选58%甲霜灵·锰锌可湿性粉剂500倍液、80%炭疽福美可湿性粉剂800倍液、70%甲基托布津可湿性粉剂800～1000倍液、77%可杀得500～600倍液、70%炭润可湿性粉剂700倍液和25%炭特灵可湿性粉剂500倍液等药剂单独、混合或交替使用，每7天喷1次，连喷2～3次。

注意 在山药炭疽病发病初期，应及时摘除病叶，拔掉病株，如果出现急性落叶，可轻轻晃动架子，使病叶脱落，然后扫净落叶，将其移出田间深埋或焚烧，以减少炭疽病的再次侵染。秋后要清洁田园，集中深埋或焚烧残体。在山药生长期防治山药炭疽病，一定要尽早，用药越晚，防治效果越差。

二 山药线虫病

近年来，随着山药栽培面积的扩大，山药线虫病的发生与蔓延逐年加重，轻者减产20%~30%，严重者减产70%以上，并且商品品质明显下降。山药线虫可在土壤中存活3年以上，带病种薯和土壤是其传播的主要途径。采用化学防治比较困难，目前还没有理想的防治线虫的药剂。因此在山药种薯调运时，要严格进行检疫，禁止从病区引种，禁用带病的山药种，杜绝人为传播。

【病原特征】 山药线虫病主要包括山药根结线虫病和山药根腐线虫病，病原属垫刃目异皮线虫科。山药根结线虫病的病原主要有爪哇根结线虫、南方根腐线虫和花生根结线虫等；山药根腐线虫病的病原主要有薯蓣短体线虫、穿刺短体线虫和咖啡短体线虫等。

【症状】 山药根结线虫病主要为害山药根部和块茎，在块茎的细根上产生米粒大小的根结（彩图15）；发病严重者，地上部表现为植株生长势弱，叶色浅。根结线虫病发病初期，在块茎表皮产生大小不等的近似馒头形的瘤状物，小的瘤状物相互愈合、重叠，形成更大的瘤状物，大瘤状物上产生少量短而粗的白根。发病轻者，块茎发病部位内部组织的颜色无明显变化，但皮色比正常山药明显偏暗，呈黄褐色，导致品质下降；发病严重者，表皮变成深褐色，内部组织腐烂，呈深褐色，似朽木，完全失去食用价值。

山药根结线虫病在山药整个生长期均可发病。发病初期，为害山药种薯和幼根或幼茎，发病后期，开始为害山药块茎。山药根系发病，表面出现水渍状暗黄色伤口，并逐渐变成黑褐色缢缩点。山药块茎发病初期，呈现浅黄色颗粒，并逐渐扩展成圆形或不规则的海绵状黑褐色病斑。

【传播途径和发病条件】 山药线虫可在土壤中存活3年以上，带病种薯和土壤是其传播的主要途径。山药线虫病主要分布在0~30厘米的土层内，北方地区一般在6月上旬~9月上旬发生，发育最适温度为25~28℃；9月中旬以后，随着气温和土温的下降，线虫活动趋缓。6～8月雨量大，暴雨或严重干旱天数多，均不利于成虫的活动、繁殖和侵染。土壤含水量为16%～20%，对线虫病的发生较为有利。另外，沙壤土也有利于其活动和繁殖。重茬地发病重。

【防治措施】　线虫病是一种土传病害，采用化学防治比较困难，目前还没有理想的防治线虫的药剂。同时，线虫的抗逆性和繁殖能力都很强，只能采用综合防治措施。

1. 植物检疫

在山药种薯调运时，要严格进行检疫，禁止从病区引种，禁用带病的山药种，杜绝人为传播。

2. 农业防治

（1）合理轮作　有水浇条件的地方实行3～4年水旱轮作；没有水浇条件的地方，与玉米、棉花等不易被侵染的作物实行3年以上的轮作，避免重茬，能有效减少土壤中的虫口基数。

（2）植物诱杀　种植易感线虫的速生蔬菜，如小白菜、香菜、生菜和菠菜等，生育期1个月左右即可收获，此时蔬菜根部布满根结，但对产量影响不大。收获时连根拔起，地上部可食用，将根部带出田外集中销毁，可大大降低土壤中的虫口密度。

（3）消除病残体　收获后，将发病植株带出田外，集中晒干、烧毁或深埋，并铲除苋菜等田间杂草，以减少土壤中的虫口基数。

（4）增施有机肥　施用充分腐熟的有机肥作为底肥，以保证植株健壮。

3. 种薯处理

选择健壮无病的山药种薯。用栽子作为种薯时，伤口处蘸生石灰；播种前用50%多菌灵可湿性粉剂500～600倍液浸种，然后在太阳下晾晒2～3天，以促进伤口愈合。

4. 化学防治

播种前，可用3%米乐尔颗粒剂60～75千克/公顷，撒施于山药种植沟10厘米深的土层内，并与土壤掺匀，也可选用10%克线磷颗粒剂25千克/公顷或5%灭克磷颗粒剂90千克/公顷，掺细土450千克/公顷，撒施于30厘米深的土层内，然后再播种。对于生长期间的发病植株，可用1.8%阿维菌素乳油或10%福气多颗粒剂（噻唑膦）1000～1500倍液灌根，每株灌药液250毫升，对根结线虫的防治效果可达75%～85%。

近年来，低毒高效的生物农药北农爱福丁乳油、绿亨阿维等逐渐用于防治山药根结线虫病。1.8%北农爱福丁乳油的用法是：播种前用该药剂6750～7500毫升/公顷，拌细沙土300～375千克/公顷，均匀撒施于地表，然后旋耕10厘米。其防治效果在90%以上，持效期在60天左右。

注意　根结线虫以卵、幼虫和成虫在侵染的山药根部和土壤中越冬，带病块根、须根、种苗和病土是初侵染源，因此要及时清洁田园。在田间，根结线虫可借灌溉水和雨水、带病肥料、农具及人畜活动等传播，其种群数量随季节波动，与温度、降水量及山药生长状况等关系密切。一般每年可完成5～10代，各代之间有明显的世代重叠。

三　根腐病

根腐病是危害山药的主要病害之一，严重地块发病率高达50%以上，造成山药大面积死亡，严重影响山药的产量和品质。根腐病病原以菌丝体或菌核形式在土壤中或发病植株上越冬，可以在土壤中存活2～3年，通过土壤、雨水或肥料传播。因此应注重农业综合防治，与其他作物轮作，避免重茬；收获后将发病株集中烧毁，降低病菌基数。

【病原特征】　根腐病是由半知菌亚门中的链孢菌引起的真菌性病害。

【症状】　根腐病发病初期在山药藤蔓基部形成褐色不规则的斑点，继而扩大成深褐色的长形病斑，病斑中部凹陷，严重时藤蔓基部干缩，茎蔓枯死。病斑的表面常带有不明显的浅褐色丝状霉。为害块茎时，常在顶芽附近形成不规则的褐色病斑（彩图16）。根腐病侵染根部，可造成根系死亡。

【传播途径和发病条件】　病原以菌丝体或菌核形式在土壤中或发

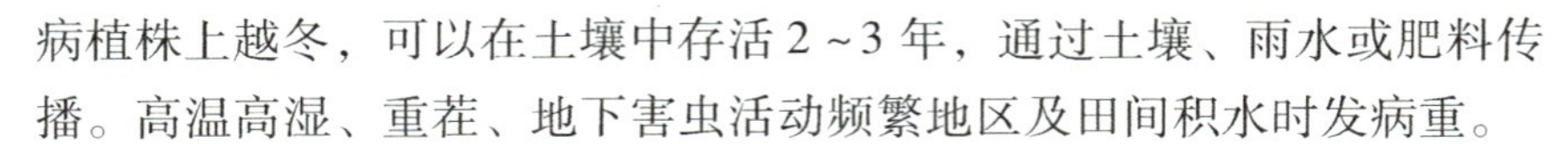

病植株上越冬，可以在土壤中存活2～3年，通过土壤、雨水或肥料传播。高温高湿、重茬、地下害虫活动频繁地区及田间积水时发病重。

【防治措施】

1. 农业防治

与其他作物轮作，避免重茬；收获后将发病株集中烧毁，以降低病菌基数；施用腐熟有机肥，增施菌肥和磷钾肥，以增强植株的综合抗性。

2. 化学防治

发病初期喷75%百菌清可湿性粉剂600倍液，或53.8%可杀得2000干悬浮剂1000倍液，或50%福美双粉剂500～600倍液防治；每7～10天喷1次，连喷2～3次。还可用80%重茬保可湿性粉剂800倍液、50%清土可湿性粉剂800～1000倍液、50%地菌虫杀可湿性粉剂600倍液，交替灌根；发病初期每7天喷1次，连喷3～4次。

> 注意　多雨季节及时清沟排水，防止土壤板结。进入块茎膨大期，经常保持土壤湿润，避免高温干燥造成块茎损伤。

四　褐斑病

【病原特征】　褐斑病又称灰斑病或褐斑落叶病，是由半知菌亚门中的山药大褐斑尾孢霉引起的真菌性病害。大规模栽培区发生普遍，显著影响产量。

【症状】　褐斑病主要为害山药叶片，在叶片两面形成叶斑。叶斑的形状不规则或近圆形；大小因寄主不同而异，一般直径为20～21毫米；叶斑中心为灰白色至褐色，常有1～2个黑褐色细线轮纹圈，有的四周具有黄色至暗褐色水浸状晕圈，温度高时病斑上生有灰黑色霉层，叶背颜色较浅（彩图17）。

【传播途径和发病条件】　褐斑病病菌以菌丝体和分生孢子形式在发病植株上越冬。第二年春季，温湿度适宜时，分生孢子借气流传播，进行初侵染；然后病部产生分生孢子，进行再侵染。侵染时主要借助风和雨水传播。病害发生的适宜温度为25～30℃，相对湿度为80%，

温暖多湿的环境利于发病。山药生长期间阴雨连绵，病害容易流行。一般6月下旬～7月中旬大雾多、露水重、雨量多的天气条件发病重；重茬、偏施氮肥、架内封闭、通风透光条件差、空气湿度大的地块发病重。

【防治措施】

1. 农业防治

收获后将发病株集中烧毁。

2. 化学防治

雨季到来时，喷洒75%百菌清可湿性粉剂600倍液，或50%多菌灵可湿性粉剂600倍液，或50%甲基硫菌灵·硫黄悬浮剂800倍液可有效地防治褐斑病。

注意 设计畦向时要考虑种植地的通透性，避免株行间郁蔽高湿。雨季注意清沟排渍，收货后及时清除病残体，集中烧毁。

五 叶斑病

【病原特征】 叶斑病常见的有煤斑病（赤斑病）、褐缘白斑病（斑点病）、灰褐斑病和褐轮斑病4种，其中以煤斑病发生较多。4种叶斑病均由尾孢属的真菌侵染所致。

【症状】 煤斑病发病初期在叶面产生赤褐色小斑，然后扩展成近圆形或不规则的病斑，大小为1～2厘米，有时汇合成大斑。褐缘白斑病的病斑穿透叶片表面，斑点较小，呈圆形或形状不规则，周缘为赤褐色，微凸，中部为褐色，后转为灰褐色至灰白色。灰褐斑病和褐轮斑病的病斑与褐缘白斑病有明显的同心轮纹。以上4种叶斑病的病斑背面均生有灰黑色的霉状物，其中以煤斑病产生的霉状物最多。

【传播途径和发病条件】 病菌以菌丝块（霉层）附着在植株的病残体上在田间越冬。第二年春季条件适宜即可产生分生孢子，随气流、雨水传播进行初侵染，引起发病，以后在田间可多次侵染。温度为25～30℃、相对湿度在85%以上，最易发病。高温多雨、田间通风不良是病害流行的主要条件，重茬地易发病。

【防治措施】

1. 农业防治

合理密植，适当加大行距，搭高架，改善田间的通风透光条件。采用地膜覆盖栽培，注意适时通风降温和排湿，防止田间湿度过大。使用腐熟的有机肥，增施磷、钾肥，提高植株的抗病性。及时清除杂草，发病初期及时摘除病叶，拉秧时彻底清除病残体，集中烧毁，减少病原基数。

2. 化学防治

及早或提前防治。发病初期采用1∶1∶200波尔多液，或50%多菌灵可湿性粉剂500倍液，或50%甲基托布津可湿性粉剂500倍液，或75%百菌清可湿性粉剂600倍液，或58%甲霜灵·锰锌可湿性粉剂600倍液交替喷雾，每隔5～6天喷1次，连喷3次。

六 枯萎病

【病原特征】 山药枯萎病俗称死藤，是由半知菌类真菌尖镰孢菌引起的。

【症状】 枯萎病主要为害山药茎基部和地下块茎。发病初期在茎蔓基部出现棱条形湿腐状褐色病斑，随着病斑不断扩展，茎基部整个表皮逐渐腐烂，随后叶片黄化、脱落，茎蔓迅速枯死。此时发病植株茎基部整个切面变为褐色。发病块茎在皮孔四周产生圆形至不规则的暗褐色病斑，须根和内部组织也变为褐色、干腐，严重者整个块茎变细，呈褐色。山药储藏期间枯萎病仍可继续扩展，为害块茎。

【传播途径和发病条件】 山药枯萎病的菌丝和原梗孢子可以在土壤中存活多年。土壤中或种薯中的病菌，在条件适宜时可直接侵染刚萌发的幼芽。山药一旦被病菌侵染，很难根治。病原发育的温度范围是13～35℃，以29～32℃最为适宜。高温高湿、连作、田间排水不良、土质黏重、氮肥过多和土壤偏酸等都有利于病害的发生。

【防治措施】

1. 农业防治

合理轮作；用酵素菌沤制有机肥。

2. 种薯处理

选用无病的山药种薯，入窖前在种薯切口处蘸1∶50石灰浆；播种前用70%代森锰锌可湿性粉剂1000倍液浸泡种薯10～20秒。

3. 化学防治

6月中旬开始用70%代森锰锌可湿性粉剂600倍液，或50%杀菌王水溶性粉剂1000倍液喷淋茎基部，隔10天喷1次，连喷5～6次。

七 褐腐病

【病原特征】 山药褐腐病又称腐败病，由半知菌类真菌腐皮镰孢菌引起。

【症状】 褐腐病主要为害山药块茎，其症状早期并不明显，形成不规则形褐色斑，稍凹陷，发病块茎常造成畸形，稍有腐烂，病部变软，横切后可见病部变色，受害部分比外部病斑大而深，严重时病部周围全部腐烂。

【传播途径和发病条件】 病原以菌丝体、厚垣孢子或分生孢子形式在土壤、发病植株或种薯上越冬，可借助雨水、农具等传播。远距离传播主要靠带病种薯。病菌可以在土壤中长期存活，一旦染病则很难根除。病菌的生长发育温度为13～35℃，最适温度为29～32℃。高温高湿、连作、田间积水、土壤黏重时利于发病。

【防治措施】

1. 农业防治

与其他作物轮作，避免重茬；收获后将发病株集中烧毁，冬季深翻、晾晒土壤，降低病菌基数。

2. 种薯处理

选用无病种薯，以栽子作为种薯时，断面伤口在阴凉处晾晒20～25天。

3. 化学防治

发病初期喷洒70%甲基硫菌灵可湿性粉剂1000倍液，加75%百菌清可湿性粉剂1000倍液；或者50%甲基硫菌灵·硫黄悬浮剂800倍

液。隔 10 天喷 1 次，连喷 2～3 次。

八 斑枯病

【病原特征】 山药斑枯病由半知菌类真菌薯蓣针孢菌引起。

【症状】 山药斑枯病主要为害叶片，轻者使叶片干枯，重者可使全株枯死，发病越早，减产越重。发病初期在叶面上产生褐色小点，继而病斑扩大，呈多角形或不规则形，长 6～10 毫米。中央为褐色，边缘为暗褐色，表面着生黑色小点（分生孢子器）。严重时整株叶片干枯、死亡。

【传播途径和发病条件】 病菌以分生孢子器在病叶上越冬，第二年春天温度条件适宜时，释放出分生孢子，借助风雨传播，进行初侵染和多次再侵染。苗期即可发病，菌丝生长和分生孢子形成的适宜温度为 25℃左右，在合适的温湿度条件下，48 小时内病菌就可侵入山药叶片组织内。温暖潮湿和阴天、雾天利于发病。空气干燥会抑制菌丝生长和孢子形成。

【防治措施】

1. 农业防治

合理施肥，培育壮苗。

2. 化学防治

发病后用 58% 甲霜灵・锰锌可湿性粉剂 500 倍液；或者用 25% 雷多米尔可湿性粉剂 800～1000 倍液喷雾防治；或者喷施 80% 炭疽福美可湿性粉剂 800 倍液、70% 甲基托布津可湿性粉剂 1500 倍液、50% 扑海因可湿性粉剂 1000～1500 倍液或 77% 可杀得微粒剂 500～600 倍液。7 天喷 1 次，连喷 2～3 次，喷后遇雨及时补喷。

九 斑纹病

【病原特征】 斑纹病又称柱盘褐斑病、白涩病，由半知菌类真菌薯芋柱盘孢引起。

【症状】 斑纹病主要为害山药叶片和茎蔓，造成叶片干枯和茎蔓枯死。为害叶片时，发病初期在叶面上形成边缘不明显的黄色或黄白色病斑；然后病斑逐渐扩大成无轮纹的褐色病斑，受叶脉限制呈不规则形或多角形，直径为2~5毫米；后期病斑边缘微凸起，中间为浅褐色，散生黑色小点，即分生孢子盘。严重时病斑融合，导致叶片穿孔或枯死，但一般不落叶，这是斑纹病与炭疽病的明显区别。茎蔓感病和叶柄感病症状类似，会出现长圆形或不规则形的褐色病斑，严重时病斑融合在一起，引起茎蔓枯死。

【传播途径和发病条件】 病菌以分生孢子盘和菌丝体在带病植株上越冬，第二年条件适宜时，形成分生孢子，随风雨传播，植株下部叶片首先发病，形成初次侵染。当病菌侵入茎叶后，菌丝在茎叶组织中细胞间生长，在皮下形成分生孢子盘和分生孢子，分生孢子成熟后突破茎叶表皮，遇到适宜的温湿度，经过1~2天潜伏，分生孢子萌发，再次侵染，使病害蔓延。发病的适宜温度为25~32℃，高温多雨季节易发病。施用氮肥过多容易发病。7月中旬~8月中旬发病最重，可持续到收获前。

【防治措施】

1. 农业防治

合理轮作；用酵素菌沤制有机肥；收获后将发病株集中烧毁，降低病菌基数。

2. 化学防治

从6月初开始喷洒53.8%可杀得2000干悬浮剂1000倍液，或50%福美双粉剂500~600倍液，或1∶1∶(200~300)的波尔多液，隔7~10天喷1次，连喷2~3次。

第二节 山药主要虫害

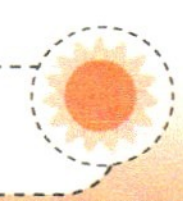

关键知识点：

1）农业防治：合理轮作；冬前耕翻土地；施用充分腐熟的有机肥；必要时可灌水。

2）生物防治：蛴螬在卵期或幼虫期，用专用型白僵菌杀虫剂。

3）物理防治：蛴螬用黑光灯或汞灯诱杀成虫。

4）化学防治常用药剂：蛴螬用杀地虎、敌百虫粉剂或辛硫磷乳油；金针虫用辛硫磷、乐斯本或地蛆灵；小地老虎用地蛆灵、乐斯本、劲彪、高效灭百可、氰·马乳油或菊·马乳油；蝼蛄用乐斯本乳油或辛硫磷乳油；斜纹夜蛾用敌百虫、马拉硫磷、杀螟松、辛硫磷或乙酰甲胺磷；叶蜂用菊马合剂。

5）成虫防治：蛴螬和小地老虎用糖醋液罐诱杀或用药剂诱杀；蝼蛄可在19：00～22：00时点灯诱杀。

山药地下害虫主要有蛴螬（金龟子的幼虫）、金针虫等；地上害虫主要是食叶及食苗类昆虫，如金龟子、蝼蛄、地老虎、斜纹夜蛾、叶蜂和蟋蟀等。地下害虫不仅咬食、截断山药，使山药块茎不能正常生长，造成山药畸形，而且伤口又为病菌入侵提供了有利条件，进而导致块茎腐烂。因此在防治山药虫害时应该以农业综合防治为主，化学防治为辅，精耕细作，及时清洁田园，消灭越冬蛹。针对金龟子、蝼蛄、地老虎和蟋蟀等具有趋光习性的害虫，利用黑光灯配以糖醋毒液，于5月下旬～7月下旬，在晴朗、微风、月光弱的夜晚捕杀。必要时喷施杀虫剂。

注意　在使用某种杀虫剂时，必须先了解药的性能和防治对象，做到对症下药，才能取得良好的防治效果。在进行化学防治时要做到适时用药，采取有效的施药方法，避免药害和环境污染。

一　金龟子

金龟子属于鞘翅目金龟子科，是一种杂食性害虫，常见的有铜绿金龟子、朝鲜黑金龟子、茶色金龟子、暗黑鳃金龟子等（彩图18）。金龟子的幼虫统称蛴螬（彩图19），又称白土蚕、白地蚕，对山药危害最大，主要为害山药块茎，严重影响其商品性。蛴螬还咬食山药种薯或幼苗根系，能咬断幼根，使整株死亡，为山药主要的地下害虫。

【形态特征】

1. 幼虫

成熟幼虫体长35~45毫米，体表多皱褶，静止时呈弓形，背上多横皱纹，尾部有刺毛，臀节粗大。头部为黄褐色，胴部为乳白色。头部刚毛每侧3根，纵向排列。

2. 成虫

成虫为黑色或黑褐色，体长16~22毫米，多呈卵圆形或椭圆形，触角呈鳃叶状，由9~11节组成，各节都能自由开闭。体壳坚硬，表面光滑，多有金属光泽。前翅坚硬，后翅膜质。前足胫节外侧有3个齿，内侧有1个短刺。

【生活习性】 金龟子的卵期为15~22天，幼虫期为340~400天，蛹期在20天左右，成虫期为40~60天。北方地区1~2年发生1代，以幼虫和成虫在55~150厘米深的土壤中越冬。

幼虫始终在地下活动，当10厘米深处地温达到5℃时，开始移动至表土层，地温为13~18℃时活动最旺盛，地温在23℃以上时则返回深土层。湿润的土壤条件有利于害虫的发生，阴雨连绵天气为害更为严重。

5~7月成虫开始大量出现。成虫一般雄大雌小，为害植物的叶、花、芽及果实等地上部分。成虫多在夜间活动，有趋光性，有的种类还有假死现象，并对未腐熟的厩肥有强烈的趋性。成虫一般在20：00~22：00进行取食或交尾。交尾后10~15天，把卵产于松软湿润的土壤中，平均每只成虫产卵100粒左右。

【防治方法】

1. 幼虫的防治

（1）农业防治 合理轮作；冬前耕翻土地，可将部分成虫和幼虫翻至地表，使其风干、冻死或被天敌捕食；施用充分腐熟的有机肥，防止招引成虫飞入田中产卵，减少带入田中的幼虫和卵的数量；7月中下旬幼虫孵化盛期灌水对蛴螬有一定杀伤力。

（2）生物防治 在卵期或幼虫期，用蛴螬专用型白僵菌杀虫剂

1.5～2千克/亩，与15～25千克/亩细土拌匀，在作物根部土表开沟施药并盖土。或者顺垄条施，施药后随即浅锄，最好配合浇1次水。

（3）物理防治　用黑光灯或汞灯诱杀成虫。

（4）化学防治　在播种或薯苗移栽前进土壤处理，用10%杀地虎（二嗪磷颗粒剂）0.5千克/亩，与15～30千克/亩细土混匀后撒于床土上、播种沟或移栽穴内，待播种和薯苗移栽后覆土。也可用2.5%敌百虫粉剂2.0～2.5千克/亩，或者50%辛硫磷乳油0.15千克/亩拌适量细土施用。

注意　在蛴螬发生较重的田块，用50%辛硫磷乳油1000倍液，或者80%敌百虫可湿性粉剂800倍液灌根，每株灌150～250毫升，可杀死根际附近的幼虫；6月中旬成虫盛发期和7月中下旬幼虫孵化盛期，各用药剂防治1次，每次用50%辛硫磷乳剂0.25千克/亩兑20～25千克/亩干细土撒施，并浅锄入土内，可有效毒杀害虫，减少田间卵量。

2. 成虫的防治

（1）利用成虫的假死习性　在成虫盛发期于清晨或傍晚敲打山药架，架下用塑料布接虫，集中杀灭。

（2）利用成虫的趋光性　于成虫发生期在田间安装黑光灯，灯高于架材1米左右，灯下设置水盆，引诱成虫扑入水中溺死。

（3）利用成虫的趋化性　成虫发生期，在田间挂糖醋液罐诱杀成虫。糖醋液的配方：红糖5份、醋（或果醋）20份、白酒2份、水80份，加入少量敌百虫。

（4）利用成虫晚上从土中爬出取食、交尾的习性　在地面撒施5%辛硫磷，然后松土，杀死入土成虫。

（5）药剂防治　在成虫发生期，喷施80%敌百虫800倍液，或50%马拉硫磷2000倍液，或75%辛硫磷乳剂1000～2000倍液，或50%速灭威粉剂。

二　金针虫

金针虫属于鞘翅目叩头虫科，是叩头虫的幼虫，俗称叩头虫、铁丝虫、黄蚰蜒等，为杂食性害虫，主要种类有沟金针虫、细胸金针虫、褐纹金针虫、宽背金针虫、兴安金针虫和暗褐金针虫等，为害山药最严重的是沟金针虫。

【形态特征】

1. 幼虫

幼虫（彩图20）体细长，呈筒形，长20~30毫米，头前部和口器为暗褐色，头扁平，身体其他部位为金黄色并有光泽，故名金针虫。体壁光滑、坚硬，身体生有同色细毛，两侧较密，有3对大小相同的胸足。胸腹部背面中央有一条细纵沟。尾端分叉，稍向上弯曲，每个分叉的内侧各有1个小齿。

2. 成虫

成虫（彩图21）为黑色或黑褐色，体长8~9毫米或14~18毫米，依种类而异。头部生有1对触角，胸部着生3对细长的足，前胸腹板带有1个凸起，可纳入中胸腹板的沟穴中。头部能上下活动似叩头状，故俗称叩头虫。

【生活习性】 幼虫主要为害山药块茎，在块茎上留下许多虫眼，影响块茎的产量和品质；有时还会为害种薯及幼根，取食有机质，并能咬断幼苗，造成整株死亡。金针虫生活史较长，每2~6年发生1代，以幼虫期最长。幼虫成熟后在土壤中化蛹，羽化成虫，有些种类在原处越冬。第二年3~4月成虫出土活动，交尾后产卵于土中。幼虫孵化后一直在土内活动和取食。以春季为害最为严重，秋季较轻。

【防治方法】

1. 农业防治

与水稻轮作；在金针虫活动盛期适当灌水，可抑制危害；种植前要深耕多耙，收获后及时深翻；夏季翻耕暴晒。

2. 药剂防治

1）定植前进行土壤处理：每公顷用48%地蛆灵乳油3升，拌细土150千克撒在种植沟内；也可将农药与有机肥拌匀，配合基肥施入土壤。

2）生长期间：可在苗间穴施颗粒剂或毒土防治金针虫；也可用48%地蛆灵乳油2000倍液灌根。

3）药剂拌种：用50%辛硫磷和48%乐斯本，药剂、水和种子的比例是1∶(30～40)∶400。

三　小地老虎

地老虎俗称地蚕，又名切根虫、夜盗虫，为杂食性害虫，属于鳞翅目夜蛾科。农业生产上造成危害的有10余种，主要有小地老虎、黄地老虎、大地老虎、白边地老虎和警纹地老虎等，为害山药最严重的是小地老虎。

【形态特征】　小地老虎成虫（彩图22）体长16～23毫米，翅展42～54毫米，前翅为黑褐色，有肾状纹、环状纹和棒状纹各1条，肾状纹外有尖端向外的黑色楔状纹，与亚缘线内侧2个尖端向内的黑色楔状纹相对。卵呈半球形，直径为0.6毫米，初产时为乳白色，孵化前为棕褐色。老熟幼虫（彩图23）体长37～50毫米，为黄褐色至黑褐色，体表密布黑色颗粒状小凸起，背面有浅色纵带；腹部末节背板上有2条深褐色纵带。蛹长18～24毫米，为红褐色至黑褐色，腹部末端有1对臀棘。

【生活习性】　地老虎为世界性害虫，在我国南方旱作及丘陵旱地发生较重，北方则以沿海、沿湖、沿河、低洼内涝地及水浇地发生较重。南岭以南可终年繁殖，由南向北每年发生代数递减，如广西南宁7代，江西南昌5代，北京3～4代，黑龙江2代。

地老虎均以幼虫为害，寄主和为害对象种类很多，一些杂草也是其重要寄主。小地老虎对黑光灯及糖、酒、醋液均有较强的趋性。每只雌虫平均产卵800～1000粒，多产在土表、植物幼嫩茎叶上和枯草根际处。幼虫共6龄，3龄前的幼虫多在土表或植株上活动，昼夜取食叶片、幼芽等部位，食量较小，为害不大。3龄后分散入土，白天潜伏于土中，夜间取食，常将山药幼苗齐地面处咬断，造成缺苗断垄。

小地老虎喜温暖、潮湿的条件，最适发育温度为13～25℃，高温和低温均不适于生存、繁殖，在30℃以上或5℃以下，可使1~3龄幼虫大量死亡。平均温度高于30℃时成虫寿命缩短，一般不能产卵。冬季温度偏高，到了5月气温稳定，有利于幼虫越冬、化蛹、羽化，而使第1代卵的发育和幼虫成活率高，造成严重危害。

小地老虎越冬受温度因子限制，北纬33°附近，等温线以北不能越冬；以南地区可有少量幼虫和蛹在当地越冬；在我国四川，成虫、幼虫和蛹都可越冬。

【防治方法】

1. 农业防治

播种前精细整地，清除杂草，种植诱杀作物。

2. 化学防治

1）播种时用药剂拌种。

2）配制糖醋液诱杀：把糖、醋、白酒、水、90%万灵可湿性粉剂按照6:3:1:10:1的比例调匀，在成虫发生期进行诱杀。

3）配制毒饵：播种后在行间或株间撒施毒饵。

① 豆饼（麦麸）毒饵：豆饼（麦麸）20~25千克，压碎后过筛，然后炒香，均匀拌入40%辛硫磷乳油0.5千克，农药可用清水稀释后喷入搅拌，以豆饼（麦麸）粉湿润为好，按每公顷用量60~75千克撒入幼苗周围。

② 青草毒饵：青草切碎，每50千克青草加入40%辛硫磷乳油0.3~0.5千克，拌匀后每公顷用300千克撒在幼苗周围。

4）喷洒药液：在地老虎1~3龄幼虫期，采用48%地蛆灵乳油1500倍液、48%乐斯本乳油1500倍液、2.5%劲彪乳油2000倍液、10%高效灭百可乳油1500倍液、21%增效氰·马乳油3000倍液、2.5%溴氰菊酯乳油1500倍液、20%氰戊菊酯乳油1500倍液、20%菊·马乳油1500倍液或10%溴·马乳油2000倍液等地表喷雾。

四 蝼蛄

蝼蛄是多种直翅目蝼蛄科昆虫的总称，俗称土猴、土狗子、水狗、地拉蛄、拉拉蛄等。全世界约有50种蝼蛄，我国已知4种，包括华北蝼蛄、非洲蝼蛄、欧洲蝼蛄和台湾蝼蛄，为害山药最严重的是非洲蝼蛄，成虫和若虫均在土中为害山药块茎和根系，可使根系脱离土壤而造成缺水死亡，是山药主要的地下害虫。

【形态特征】　非洲蝼蛄成虫为灰褐色，体长30~35毫米，圆柱形，腹部颜色较浅，全身密布绒状细毛。前翅为灰褐色，较短；后翅呈扇形，较长，超过腹部末端。头小而尖，圆锥形。复眼小而凸出，有2个单眼。触角呈丝状，并短于体长。前胸背板呈椭圆形，背面隆起如盾，两侧向下伸展，几乎把前足基节包起。前足特化为粗短结构，基节短而宽，腿节呈片状且略弯，胫节呈三角形且很短，端刺强大，便于开掘。雄虫能鸣叫；雌虫产卵管不凸出，产卵器退化。

【生活习性】　非洲蝼蛄（彩图24）一般于夜间活动，但气温适宜时，白天也可活动。土壤干旱时活动少，为害轻。成虫有趋光性。夏秋两季，当气温为18~22℃，风速小于1.5米/秒时，夜晚可用灯光诱到大量蝼蛄。蝼蛄能倒退疾走，在穴内尤其如此。成虫和若虫均善游泳，母虫有护卵哺幼习性。若虫至4龄期方可独立活动。蝼蛄的发生与环境有密切关系，其常栖息于平原、轻盐碱地及低湿地带，特别是沙壤土和多腐殖质土壤发生尤为严重。

蝼蛄长期生活在地下，可钻入15~20厘米深的湿土中，但非洲蝼蛄仅在洞顶壅起一堆虚土或钻出较短的隧道。

5月上旬~6月中旬是蝼蛄最活跃的时期，也是第一次为害高峰。6~7月是蝼蛄产卵盛期，每只雌虫每次产卵几十粒，成堆产于15~30厘米深土层的卵室内。非洲蝼蛄在黄淮地区约2年发生1代，在长江以南1年发生1代。产卵习性趋向于潮湿地区，集中于沿河、池塘和沟渠附近，卵期为15~28天。9月随着气温下降，再次移动至地表，形成第二次为害高峰。10月中旬以后，陆续钻入土中越冬。在黄淮地区当年化为若虫，以4~7龄若虫越冬，若虫共8~9龄，于第二年夏秋两季羽化为成虫越冬，第三年5~6月开始产卵。

【防治方法】

1. 农业防治

1）施用充分腐熟的有机肥，可有效地减少蝼蛄的虫口基数。

2）灯光诱杀：可在19：00～22：00时点灯诱杀成虫，闷热天气或大雨前的夜晚诱杀效果更明显。

3）鲜马粪或鲜草诱杀：山药田间，每隔20米左右挖一个小土坑，将鲜马粪、鲜草等放入坑内，次日清晨捕杀，效果很好。

2. 化学防治

1）毒饵诱杀：用40.7%乐斯本乳油或50%辛硫磷乳油0.5千克，拌入50千克煮至半熟的饵料（麦麸、米糠等）中作为毒饵，傍晚均匀撒于垄间。

2）药剂灌根：在受害植株根际浇灌50%辛硫磷乳油1000倍液。

五 斜纹夜蛾

斜纹夜蛾又名莲纹夜蛾，俗称夜盗虫、乌头虫，属于鳞翅目夜蛾科。该虫为世界性害虫，我国除青海、新疆未发现外，各省（自治区）都有发生。幼虫咬食山药叶片，有时能咬断茎蔓，造成植株枯死。小茧蜂、广大腿小蜂、寄生蝇、步行虫，以及多角体病毒和鸟类等是其天敌。

【形态特征】 斜纹夜蛾成虫（彩图25）为褐色，体长14～21毫米，翅展37～42毫米。前翅有许多斑纹，中间有一条宽阔的灰白色斜纹；后翅为白色，外缘为暗褐色。卵呈半球形，直径约为0.5毫米，初产时为黄白色，孵化前为紫黑色，表面有纵横脊纹，数十粒至上百粒集成卵块，外覆黄白色鳞毛。老熟幼虫体长38～51毫米，夏秋两季虫口密度大时体瘦，为黑褐色或暗褐色；冬春两季数量少时体肥，浅黄绿色或浅灰绿色（彩图26）。蛹长18～20毫米，呈长卵形，红褐色至黑褐色。腹末有发达的臀棘1对。

【生活习性】 斜纹夜蛾幼虫取食近300种植物的叶片，喜温而又耐高温，间歇性猖獗为害植物。各虫态的发育适温为28～30℃，在高

温下（33～40℃）生活也基本正常，但抗寒力很弱，在冬季0℃左右的长时间低温下，基本不能生存。我国从北至南1年发生4～9代不等，世代重叠，无滞育特性。在福建、广东等南方地区，终年都可繁殖，冬季可见到各虫态，无越冬休眠现象。长江中下游地区不能越冬，每年以7～9月发生数量最多。北方地区以蛹在土中蛹室内越冬，少数以老熟幼虫在土缝、枯叶和杂草中越冬。幼虫共6龄，有假死性。4龄后进入暴食期，猖獗时可吃尽大范围内的山药叶片，并迁徙他处为害。

成虫昼伏夜出，白天藏在植株茂密处、土壤、杂草丛中，20：00～24：00时活动最为旺盛。飞翔力很强，一次可飞10米，高可达3～7米。成虫对黑光灯有较强的趋性，喜食糖、酒、醋等发酵物。雌虫产卵前期1～3天，卵多产在叶片背面。每只雌虫能产3～5个卵块，每个卵块有100～200粒卵。卵期在日平均温度为22.4℃为5～12天，25.5℃时为3～4天，28.3℃时为2～3天。

【防治方法】 保护和利用天敌，应用多角体病毒消灭幼虫；用糖醋液或发酵物加毒药诱杀成虫；在幼虫进入暴食期前喷施敌百虫、马拉硫磷、杀螟松、辛硫磷或乙酰甲胺磷等农药。

六 叶蜂

叶蜂属于膜翅目叶蜂科，有5000多种，全世界均有分布，我国已发现的有336种，为害山药的主要是柳厚壁叶蜂，又名柳瘿叶蜂。叶蜂主要咬食山药叶片，大发生时，几天内可造成山药叶片严重缺损，影响块茎产量。

【形态特征】 叶蜂（彩图27）成虫为土黄色，有黑色斑纹，身体粗短，体长3.8～14.0毫米，翅展16毫米左右，翅脉多为黑色。触角有7～15节，刚毛状、丝状或稍带棒状。中胸侧板和中胸腹板之间的缝不明显，前胸背板后缘凹陷。前翅有翅痣，翅室多。前足胫节有2个端距。产卵器呈扁锯状；卵呈椭圆形，黄白色。幼虫老熟时体长15毫米左右，黄白色，稍弯曲，体表光滑有背皱。胸足3对，腹足8对。

蛹为黄白色，长椭圆形。

【生活习性】 为害山药的叶蜂在我国北方1年发生4代，以老熟幼虫在土壤中结茧越冬。第二年4月下旬~5月上旬成虫羽化，羽化几小时后即可进行孤雌生殖。通常在嫩茎或叶上产卵，每处1~4粒，卵期在春秋两季为11~14天，夏季为6~9天。幼虫共5龄，发育期为10~12天。幼虫孵化后就地啃食叶肉，受害部位逐渐肿起，最后形成虫瘿，虫瘿近蚕豆形，无毛，由绿色逐渐变为红褐色。带虫瘿的叶片易变黄且提早落叶，影响植株生长。秋后幼虫随落叶或脱离虫瘿入地结薄茧越冬。

【防治方法】

1. 农业防治

虫害发生期，人工摘除带虫瘿的叶片。秋后清除落地虫瘿，并集中烧毁。

2. 化学防治

4月下旬~5月上旬发生严重时，喷施40%菊马合剂2000倍液，或用内吸性药剂灌根防治。

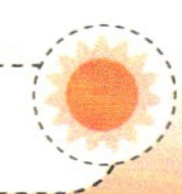

第三节 病虫害综合防治技术

关键知识点：

1）病害防治：按照“预防为主，综合防治”的植保方针，坚持以“农业防治、生物防治为主，化学防治为辅”的原则。

2）虫害防治：消灭越冬蛹。针对一些害虫具有趋光习性，利用黑光灯配以糖醋毒液进行夜晚捕杀。可配合使用化学药剂防治，达到经济、安全、高效的目的。

一 病害综合防治措施

1. 农业防治

选用良种、轮作换茬、选用无病田块留种、及时排除田间积水等农业措施可有效地减轻或避免病害发生。山药换茬以水旱轮作效果最好；旱地栽培则优先选择禾本科作物。加强植物检疫，不从发病区调种。基肥以腐熟的有机肥为主，增施磷、钾肥，并配以适量的铁、锌等微肥，控制氮肥的施肥次数和施肥量，培育壮苗，增强植株综合抗病能力。易涝地块建排水沟，多雨季节防止田间积水。增高架材，营造通风透光的环境，改善田间小气候。

对于线虫的防治，可种植易感染线虫的绿叶速生蔬菜，如小白菜和菠菜等，1 个月后连根收获，根中会寄生大量线虫，菜叶供食用，根集中烧毁，以降低线虫发生密度。提供土壤内线虫天敌或有益生物的生态环境，也可有效地减轻山药线虫病造成的危害。

2. 药剂防治

栽前用 50% 多菌灵可湿性粉剂 800 ~1000 倍液或高锰酸钾 1000 ~1200 倍液浸种 15 分钟或喷洒，以减轻或防止多种病害的发生。

二 虫害综合防治措施

1. 农业防治

精耕细作，及时清洁田园，消灭越冬蛹。针对金龟子、蝼蛄、地老虎和蟋蟀等具有趋光习性，利用黑光灯配以糖醋毒液，于 5 月下旬 ~7 月下旬，在晴朗、微风、月光弱的夜晚进行捕杀。

2. 化学防治

化学防治见效快，不受地区和季节性限制，能大面积机械化使用，杀虫范围广。但应注意和其他方法配合使用，避免残毒，达到经济、安全、高效的目的。目前，化学药剂防治山药虫害存在高残留、高成本、环境污染严重等诸多问题，如果使用方法不当，药效也差。首先，化学药剂都是地表喷施，土壤对药剂有较强的吸附性，防治地下害虫的效果不理想；其次，一般害虫的成虫迁移性强，产卵量大，给化学防治带来一定困难。为了提高防效，可以利用地下害虫的生活习性，根据害虫不同的趋性，采取物理措施与化学措施相结合的方法进行综合防治。

（1）防治方法 防治方法如下：

1）土壤处理：对土壤进行农药处理，用辛硫磷颗粒剂分层施用。对线虫发生严重的地块，用10%益舒宝颗粒剂或3%米乐尔颗粒剂开沟条施。

2）诱杀成虫：地下害虫如蝼蛄、蛴螬等，具有强烈的趋光性，可在田地四角安装黑光灯诱杀，灯下放置水盆或水缸，加入杀虫剂。地老虎的成虫对枯萎的杨树枝、榆树枝有较强的趋性，可以将长20～30厘米的榆树枝或杨树枝，在50%辛硫磷1000倍液中浸泡10小时，于傍晚前零散放置于山药种植行内进行诱杀。蝼蛄喜欢香甜的味道，可以在傍晚时将混有90%敌百虫的炒香的麦麸、豆粕等均匀撒施在山药种植行间，对其进行诱杀。另外，将红糖、白酒、食醋、水按照1∶1∶2∶8的比例配制成糖醋液，于傍晚前放置在山药地中，对多种地下害虫成虫的诱杀效果也不错。

3）药剂喷雾：在幼苗及生长期，用2.5%敌杀死1000倍液或50%辛硫磷乳油1000倍液等，在植株表面和地面喷洒，可以防治蝼蛄、地老虎、蟋蟀和叶蜂等害虫对山药地上部的破坏。叶蜂类可于发生盛期，喷洒触杀或胃毒性化学药剂，防效可达95%以上。

（2）化学防治应注意的问题 化学防治应注意的问题如下：

1）对症下药：在使用某种杀虫剂时，必须先了解该药的性能和防治对象，才能做到对症下药，取得良好的防治效果。

2）适时用药：为害山药的各种害虫的生活习性和为害期各不相同，只有进行准确的虫情预测，抓住防治时期，及时用药，才能有效地防治。否则，单靠增大药剂用量不仅达不到防治效果，还增加了防治成本，同时还会污染环境，破坏食品安全。

地老虎、蝼蛄等地下害虫常在傍晚或夜间出来为害，可用90%敌百虫1000倍液或50%辛硫磷1000倍液喷雾防治，最佳时间是在无风的傍晚。蛴螬等地下害虫常在土壤中咬食山药块茎，防治困难，可在土壤湿度适宜时，用90%敌百虫1000倍液等喷淋灌根。另外，在用5%锐劲特1500倍液或10%除尽1000倍液喷雾防治斜纹夜蛾，10%吡虫啉1000倍液或3%莫比朗2000倍液喷雾防治蚜虫，90%敌百虫晶体500倍液加10%吡虫啉1000倍液喷雾防治地老虎时，喷药时间应在晴天14：00后进行。防治地老虎，要对准植株基部喷药。

3）采取有效的施药方法：要使药剂防治害虫效果良好，就必须采用最有效的施药方法，常见的有喷粉法、喷雾法、灌根法、浸种法、毒土法、毒饵法和熏蒸法等，要根据具体情况合理选用。

喷药时，应做到均匀周到，叶子正反面均应着药；土壤中直接撒施药剂时也要尽量混匀。化学防治一般应在无风或微风天气进行，另外要注意天气变化，选择晴天施药。

4）避免药害和环境污染：山药苗期对杀虫剂比较敏感，浓度稍高容易产生药害，使植株叶片出现斑点，发生萎缩和卷曲，严重时整株死亡。因此，用药前最好先进行小区实验，确保安全后再大面积施用。严格按照说明书施用药剂，不能随意提高药剂用量；山药收获前1个月内，需停止使用杀虫剂，避免药剂残留。优先选择使用高效、低毒和低残留的化学农药，有条件的最好使用生物农药。

第七章　山药的收获储藏与加工技术

关键知识点：

1）山药收获技术：山药成熟的基本特征可按照生育期、地上部性状表现和地下块茎性状表现等不同标准进行判断。山药采收方法可根据栽培方式和品种类型来确定，目前生产上常用的采收技术分为粉垄栽培山药采收、定向结薯栽培山药采收、打洞填料栽培山药采收及水枪采收等。

2）山药储藏技术：山药的储藏因地区、品种而异。耐储藏性较好的山药品种一般为北方品种，南方品种一般耐储性较差，因此，应当根据地域特点和品种特点合理选择山药储藏方法和储藏时间。山药储藏的最适条件为：温度16℃，相对湿度为70%~80%。

3）山药加工技术：市场上已有的山药产品仅有山药全粉、山药饮料、山药果酱和山药罐头等。

因气候和品种类型的差异，山药在北方地区和南方地区的收获方法和储藏条件有所不同。北方地区由于空气湿度相对小，又长期处于低温干燥环境，多数山药品种含水量相对较低，耐储藏性能相对较高。南方地区的山药由于在高温、高湿条件下生长发育，有些地区冬季无严寒，多数山药品种含水量相对较高，耐低温、耐储藏性相对较差。因此，南、北两个不同生态区域、不同类型的山药品种，在采收和储藏时，要因地制宜进行科学采收和科学储藏。

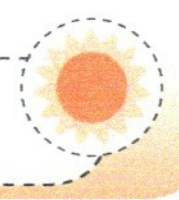

第一节　山药收获技术

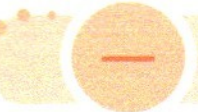

一　山药成熟的基本特征

山药成熟的基本特征可按照生育期、地上部性状表现和地下块茎性状表现等不同标准进行判断。

1. 根据生育期确定成熟期

不同品种的生育期不同，同一品种在不同生态区也表现不同，应根据不同品种类型特点判断山药的生育期。南北方品种在引种后，生育期会有所变化，如南方地区山药品种北移至浙江、江西等地种植后，其生育期有变短的趋势。因此，判断山药成熟与否，可根据山药在当地种植的生育期来确定。

2. 根据地上部性状表现确定成熟期

山药生长后期，植株老化，或者叶片颜色变黄、落叶，可表示山药已处于成熟状态。一般大田 70%～80% 的山药地上部出现成熟状态时，可安排收获。

3. 按地下块茎性状表现确定成熟期

山药进入成熟期，地下块茎表现出生长点由红变黑且变秃，薯毛变少，表皮呈现出该品种明显的颜色特征，此时为山药的成熟期，可进行田间收获。

二　山药的收获

不同栽培方式和不同品种类型的山药的采收方法不同，按照目前生产中广泛采用的栽培方法，可将采收技术分为：粉垄栽培山药采收、定向结薯栽培山药采收、打洞填料栽培山药采收及水枪采收等，当然生产中还有许多适合不同产区的山药采收技术，在此就不一一列举了。

1. 粉垄栽培山药采收

粉垄栽培条件下，种植区内的土壤疏松程度较高，可在种植区的

第1株至第2株间开挖，待两株山药取出来，再顺着山药种植方向进行逐一采收。该种植技术下的山药采收相对省工，伤薯率较小，采收效率和质量均较高。例如，在广西采用这种方法采收山药的效率为500～700千克/(人·天)。

2. 定向结薯栽培山药采收

定向结薯栽培技术利用硬质材料种植山药，山药薯块生长时，顺着硬质材料生长，采收相对容易。采收时，首先用小型锄头从山药头部顺着硬质材料的方向将土壤轻轻扒开，让山药裸露出来，注意不要破损山药和硬质材料，然后用手轻轻将山药拿起来，根据用途需要分别堆放或运输。

3. 打洞填料栽培山药的采收

打洞填料栽培山药的采收方法与粉垄栽培山药的采收方法相似，也是从种植区的第1株至第2株间开挖，待两株山药取出来，再顺着山药种植方向进行逐一采收。该技术利用打洞进行填料栽培，山药顺着洞的方向生长，生长方向相对直立，简化了采收环节的操作。但是在北方地区，山药种植密度相对较大，在种植前先粉垄打沟碎土，然后灌水或人工镇压，种植区内土壤相对紧实，造成人工采收环节难度加大，收获的人工成本相对较高。

4. 水枪收获

先用高压水枪对山药种植田块进行冲洗，使土壤表面湿润，然后将水枪插入种植沟内，打开控制开关，使压力泵内的高压水进入土壤。种植沟内的土壤不断被高压水冲出，水枪不断深入，使种植沟内的山药块茎大部分裸露出来，余下的土壤也已被浸透呈松软状态，此时即可将山药块茎整体取出。这种收获方式可减轻劳动强度，缺点是山药表皮极易受损、生锈，影响商品率，收获的山药需在短时间内出售或加工处理。

提示 该技术是由江苏徐淮地区徐州农业科学研究所开发的，适用于沿江、沿海淤积平原地区，该类地区地势平坦、水源充足，用该法收获相对容易。

第二节 山药储藏技术

山药的储藏因地区、品种而异。耐储藏性较好山药品种一般为北方品种，南方品种一般耐储性较差，因此，应当根据地域特点和品种特点合理选择山药储藏方法和储藏时间。山药储藏的最适条件为：温度16℃，相对湿度为70%～80%。另外，山药块茎采收后以氯化钙或高锰酸钾溶液浸泡，或者直接用石灰蘸伤口处，可减轻储藏期间的切口腐烂。山药块茎削皮后用0.05摩尔/升柠檬酸浸泡1分钟，真空包装储藏于5℃左右的低温下，可存放30天以上。山药块茎于休眠期较耐低温，在－4℃以下短期不受冻害。适宜的储藏温度为0～2℃，相对湿度为90%左右。

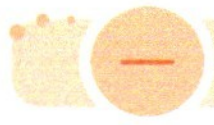

一 自然条件下的储藏技术

1. 储藏要求

自然条件下储藏对山药要求较高。具体要求如下：一是山药表皮不能破损，应保持山药块茎的完整性，尤其是表皮的完整性；二是山药块茎表皮的部分原土应保留，不能冲洗山药块茎上的泥块或用其他利器除去表皮的原土；三是在收获或出入库进行搬运的过程中，应尽量防止挤压或折断山药块茎。

2. 晾晒

自然条件下储藏的山药，一般要求采收时尽量在晴天的上午进行，采收后就地晾晒，保证在入库储藏前晾晒2～3天，以减少山药块茎的含水量，保证储藏质量。

3. 仓库储藏法

南方地区山药的含水量相对较大，一般选择在地上库内进行储藏，除了进行自然晾晒和前期处理外，还应注意通风透气，保证储藏质量，使山药的保鲜期保持在20～30天。

4. 就地储藏法

南方无霜冻地区，山药可在露天条件下自然存放，安全越冬。常用的就地储藏方法一般有以下 3 种：

（1）沟藏法 一般选择不易积水的地块进行就地挖沟，沟深 1 ~ 2 米、沟宽 1 米左右，山药收获后，经过自然晾晒，整齐摆放入沟内，山药和土间隔进行摆放，总高度不超过 80 厘米，最顶部以细土覆盖。温度下降后，要再加盖覆土，以冻土层距山药顶部 5 ~ 10 厘米为宜，可储藏至第二年 3 ~ 4 月。

（2）沙藏法 选择自然通风状况较好的仓库，用砖砌起 1 米左右高的坑。坑底用 10 厘米的干净细沙或细土进行铺垫，将精选好的山药一次放在沙上，山药和细沙进行层积堆放，最上层山药离坑口 10 厘米左右时，用细泥或黄沙密封。每隔 1 个月来回翻倒 1 次。

（3）筐藏法或箱藏法 将稻草、麦草、筐子或箱子进行暴晒或消毒，然后将稻草或麦草铺垫在筐或箱的四周，将自然晾晒并精选的山药整齐排列到筐子或箱子中，上面用麦草或稻草覆盖 6 厘米左右。将筐子或箱子依次堆放在库房内，保持库内温度和湿度条件适宜，可在筐底或箱底垫上砖头或木板，防治底部湿度过大，导致腐烂。

二 高温愈合保存及储藏技术

1. 入库前处理

山药收获前，先进行库内消毒，打扫并清除一切杂物，墙壁与地面用生石灰水或多菌灵液进行消毒。打开门窗和通气孔进行通风换气，地面及墙面铺设 4 ~ 5 厘米厚的木排或竹排，用于快速升温和降温。

2. 入库堆放

将山药精选后进行筐装或袋装，一般 15 ~ 20 千克/筐（袋）。山药块茎要轻装、轻搬、轻放，尽量减少破损。沿墙两边水平堆放，中间留有 50 厘米走道，堆高不应高于 1.8 米。

3. 高温愈合处理

山药堆放好后关闭薯库所有门窗和通气孔，用煤或电等加热设备使库内温度迅速升到 35 ~ 38℃，高温保持 4 个昼夜，使伤口充分愈合，然后打开所有门窗和通气孔，快速通风、降温、散湿，库内温度下降到 15～18℃，相对湿度为 60%～80%，此后库内始终保持在这个温湿度范围内。

注意 愈合过程中要尽量使温度均匀上升，避免局部高温伤害山药块茎。

雨季收获的山药进行高温愈合处理，还可促进块茎的呼吸作用，释放出过多的水分，从而提高耐储性。山药高温愈合保存技术可促进山药块茎伤口愈合，减少坏烂，同时高温愈合处理是用物理的方法杀灭大部分黑斑和软腐病菌，安全，无污染。

注意 山药鲜薯由于含有较多的黏液和淀粉，受潮后易变软发黏，10 天左右就会发霉，皮色变黄，易生虫，因此在储藏过程中应尽可能地防止湿气入侵。具体做法：用纸箱包装，箱底及周边铺垫牛皮纸，箱角以刨花或木丝填充，山药整齐装入后，上面用纸覆盖，箱子密封好，置于通风、凉爽、干燥处。装有山药的箱子应垫高，离开墙壁一定的位置进行堆放，以利于通风透气。雨季前后，开箱暴晒，并用硫黄预熏 1 次，夏季再熏 1 次，如此可安全度过夏天。春末至秋初，应经常对储藏库进行检查，一般每周检查 1 次，对有轻微霉点的山药可在阳光下摊晒，再用刷子等除去霉斑，然后以山药粉抹伤口，最后晒干。另外，山药块茎较耐寒，必要时可以就地储存，至第二年 3 月上中旬进行田间采收；也采用土窖储藏，将山药与沙土层积储藏，最后覆土呈屋脊形，盖稻草防止雨水淋入。窖内保持 10～15℃，可储存到第二年 4～5 月。

第三节 山药加工技术

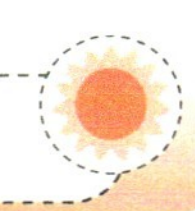

山药内含物种类繁多，营养价值和保健价值高，作为健身益体的保健品，日本、韩国及东南亚各国等都有食用山药的习惯。近年来，国际市场对山药的需求量猛增，我国山药的出口势头强劲，目前已经在江苏、河南、河北、山东等省形成一定规模的山药出口基地，年出口山药 500 万吨以上，出口的山药干和山药粉价格高达 5 万～6 万元/

吨。山东菏泽、济宁和潍坊等地生产的米山药、鸡皮糙和大和长芋已占有日本和韩国市场的大部分份额。

随着经济全球化，山药市场也面临着前所未有的机遇和挑战，产品极大丰富成为山药产业化发展的必经之路。目前山药的加工技术相对落后，产品相对单一，市场上已有的山药产品仅有山药全粉、山药饮料、山药果酱和山药罐头等，更多山药产品有待进一步开发利用。

一 山药全粉的加工技术

1. 脱水

（1）清洗 利用水洗等方法将鲜山药表皮尘土及污垢清洗掉。

（2）去皮 去除山药外层的表皮，并收集表皮备用。

（3）切片 将去除表皮的山药切成5～8毫米等厚度薄片，并整理料头备用。

（4）护色 切好的山药片浸泡于食盐水溶液中进行护色。

（5）干燥 护色后的山药片放入常温联合干燥设备内干燥处理，得到含水量为4%～6%的干燥山药片。

2. 备料

对脱水山药片制备工艺中切片的料头进行整理、清洗。

3. 护色

整理清洗好去表皮的山药料头浸泡于食盐水溶液中护色。

4. 磨浆

护色处理后的山药料头加水进行磨浆。

5. 胶体磨浆

磨浆所得的浆料在35～80℃条件下进行胶体磨浆处理。

6. 超微细化

将胶体磨浆后的物料采用高压均质机进行超微细化处理。

7. 离心喷雾干燥

均质后的物料进入离心喷雾干燥设备内进行喷雾干燥，得山药全粉。

注：该技术摘自发明专利“一种山药综合利用的加工工艺”，专利号 ZL200710068184.5。

二　山药甾体总皂苷元粉末加工技术

1. 脱水

（1）清洗　利用水洗等方法将鲜山药表皮尘土及污垢清洗掉。

（2）去皮　去除山药外层的表皮，并收集表皮备用。

（3）切片　将去除表皮的山药切成 5～8 毫米等厚度的薄片，并整理料头备用。

（4）护色　切好的山药片浸泡于食盐水溶液中进行护色。

（5）干燥　护色后的山药片放入常温联合干燥设备内干燥处理，得到含水量为 4%～6% 的干燥山药片。

2. 备料

对加工山药片、山药全粉形成的山药表皮及废弃的山药头和尾进行整理、清洗。

3. 干燥

将整理备用的山药物料置于常压干燥箱内干燥。

4. 粉碎

将上述干燥物料粉碎至 100～200 目。

5. 脱脂

用石油醚将山药物料粉进行脱脂处理。

6. 超声提取

超声提取溶剂为 50%～95% 乙醇溶液，料液比为 1∶10，提取温度为 25～80℃，提取时间为 10～60 分钟，超声功率为 800～1600 赫兹。

7. 浓缩

将超声提取液在减压条件下浓缩得甾体总皂甙浸膏。

8. 水解、萃取

在无机酸溶液中加热水解，用非极性有机溶剂少量多次萃取酸性水解液。

9. 水洗、浓缩

用水多次洗涤萃取所得的有机物至中性，在减压条件下浓缩得甾体皂苷元浸膏。

10. 干燥

浸膏在真空干燥设备内干燥得浅红褐色粉末。

注：该技术摘自发明专利“一种山药综合利用的加工工艺”，专利号 ZL200710068184.5。

三 山药奶汁加工技术

1. 原料

山药、蔗糖、奶粉、柠檬酸、明胶。

2. 设备

高压灭菌锅、豆浆机、烘箱。

3. 流程

精选山药，清洗、去皮，切片、烘干，豆浆机加水研磨并煮沸，调配好后装罐灭菌。

4. 配方

配方一：山药 80 克，蔗糖 120 克，柠檬酸 0.8 克，明胶 4.5 克，加水至 1 千克。

配方二：山药 80 克，蔗糖 120 克，柠檬酸 1.2 克，奶粉 50 克，加水至 1 千克。

注意

1）奶粉要配成5%奶液，加热到50℃，然后加入相同温度的蔗糖，充分搅拌均匀，加热到85℃，待冷却后，加入柠檬酸，搅拌15～20分钟。

2）高温下灭菌，要控制好时间，以免蛋白质变性沉淀，一般灭菌时温度为80℃，时间为20～30分钟。

四 山药蜜汁加工技术

1. 原料

山药、蔗糖、蜂蜜、维生素 C、氯化钠、柠檬酸、食品级氯化钙。

2. 流程

精选山药，清洗、去皮，切片、护色，豆浆机加水研磨并煮沸，冷却后过滤山药汁，调配好后装罐灭菌，冷却备用。

3. 护色配方

0.25%维生素C、1%氯化钠、0.5%食品级氯化钙、0.3%柠檬酸，护色时间为30分钟左右。

4. 调配比例

1%山药汁、0.15%蜂蜜、0.18%蔗糖、0.11%柠檬酸，加水调配而成。

注意 山药蜜汁加工时，灭菌温度为100℃，时间为10分钟。

五 山药罐头加工技术

1. 原料

山药、精盐、柠檬酸、氯化钙。

2. 流程

精选山药，清洗、去皮，护色，切片预煮，调配好后装罐灭菌，抽真空保存。

3. 护色配方

0.5%精盐、0.2%氯化钙、0.2%柠檬酸，护色时间为5～6小时。

4. 装罐方法

根据罐的性状确定山药切块的大小和性状，以保证包装美观。

5. 配比

山药和预煮液的配比一般为1.5∶1，先将水煮沸后再倒入山药块，重新煮沸后，保持10～15分钟，预煮过程中，充分搅拌，以免糊锅。

六 山药酸奶加工技术

1. 原料

山药、脱脂奶粉、双歧杆菌、乳酸菌、蔗糖、0.15%羧甲基纤维素、0.15%藻酸丙二醇酯、0.5%四硼酸钠、0.5%维生素C。

2. 流程

精选山药，清洗、去皮，护色，豆浆机搅拌打浆，调配好后装瓶，加入双歧杆菌和乳酸菌充分混合发酵。

3. 护色配方

0.5%四硼酸钠和0.5%维生素C混合液。

4. 稳定剂配方

0.15%羧甲基纤维素和0.15%藻酸丙二醇酯的混合液。

5. 调配与发酵

脱脂奶液与山药的配比为3∶7。发酵温度为40℃，发酵时间为10小时，乳酸菌和双歧杆菌的比例为1∶5，加入9%蔗糖。

七　山药枸杞果酱加工技术

1. 原料

山药、枸杞、卡拉胶、蔗糖、柠檬酸、苯甲酸钠。

2. 流程

精选山药，清洗、去皮，山药打浆，用卡拉胶清洗、浸泡且热溶解后过滤，枸杞清洗、浸泡打浆，蔗糖热溶解，调配好后加热，装罐灭菌，抽真空保存。

3. 配方

山药泥30%～35%，枸杞泥5%，卡拉胶3%，苯甲酸钠0.01%，蔗糖20%～30%，柠檬酸少许，水适量。

注意

1）用卡拉胶清洗后，要在凉开水中浸泡2～3小时，充分吸水后再加热溶解。

2）蔗糖热溶解后，先配成60%的溶液，清除表面杂质后，再经糖浆过滤机过滤后备用。

3）各种原料按照一定的比例调配好后搅拌均匀，再进行加热，一般加热到85℃。

第八章　山药高效栽培实例

随着人们对山药的营养价值和保健价值的认可，山药市场逐步扩大，山药科研和生产水平逐步提升，国家对山药的研究也更加重视。2009 年，农业部、财政部设立了国家公益性行业科研专项“淮山药高效栽培技术研究与示范”项目，通过该项目的实施，在广西、河南、山东、江苏和甘肃等地科研单位和政府的支持下，全国山药生产迅速发展，山药种植面积迅速发展到 700 万亩左右，山药栽培技术也得到了进一步的完善，各地形成了山药高效栽培典型案例，如广西山药定向结薯栽培技术、嘉祥县细毛长山药标准化栽培技术及北方抗重茬栽培技术等。下面将介绍各地山药高效栽培的典型案例，以供生产者参考，各地区可根据当地实际情况参考使用。

第一节　山药定向结薯标准化栽培技术

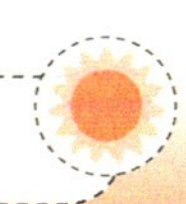

一　适宜地区

山药定向结薯标准化栽培技术适宜在广西等地应用，带斜坡的地块更有利于该技术的推广应用。

二　技术要点

提示　山药定向结薯标准化栽培技术详细的技术要点可参考第四章第三节相关的技术内容。

1. 选地

土壤疏松的旱地、坡地、丘陵山地均可种植。

2. 整地

山药是肉质块根作物，要求土壤疏松，整地时应深耕碎土，一般深耕 40~50 厘米，机耕最好深耕 60~70 厘米。

3. 材料的选择、铺设与基肥施用

（1）材料的选择与加工 材料的选择以山药块茎生长过程不能穿透为宜。该技术可使用厚度为 0.8 毫米、宽度为 12~15 厘米、长度为 100 厘米的塑料薄膜。

（2）硬质材料的铺设 硬质材料的铺设一般有开沟铺设种植法、管状斜摆种植法和半管斜摆种植法。

（3）基肥施用 在整地和材料铺设时施足基肥，腐熟有机肥为 1500~2000 千克/亩，磷肥为 100 千克/亩，45% 复合肥为 30~40 千克（N: P: K = 15: 15: 15）。上述肥料分配标准：畦面沟施占 70%，管内占 30%。有条件的，在硬质材料的中下部管内施用适量的甘蔗渣、木糠或椰子糠混合牛粪（猪粪）等沤制腐熟的基质，以促进薯块生长。

4. 种薯的选择与处理

不同的山药品种选用的种薯不一样，如有粗大零余子的，可用零余子作为种薯，也可用薯块作为种薯；没有零余子或零余子很少的品种，一般用薯块作为种薯。选择无病虫、发芽势旺的种薯进行播种。播种前进行种薯处理，一般用草木灰或石灰蘸伤口，防止病菌感染，经催芽萌动后播种或直接播种。

5. 播种

（1）播种密度 根据不同的土壤条件和不同的品种，种植密度为 1600~2200 株/亩。土壤肥力高、品种薯块直径大的应稀植；肥力水平中下、品种薯块直径小的可以适当密植。

（2）播种方法 在播种时，将处理好的山药种薯种在埋设好装满碎土的半管形塑料管口上方 5~6 厘米的土壤中，种薯顺着塑料管方向摆放，然后覆盖细土 5~6 厘米，使种薯发芽生根时能够向四周土壤生

长，吸收营养，同时有利于薯块原基的形成和结薯，当薯块向下生长接触到硬质材料时，能够顺着塑料管内定向生长。播种后，有条件的及时在播种种薯的畦面顶上覆盖稻草或地膜，保水防草，同时及时用黑色地膜覆盖垄面，用土压紧，防除杂草并保持畦内土壤疏松。

6. 田间管理

苗期注意及时破膜出苗、定苗补苗、搭架引蔓、施肥、松土；生长前期，视植株生长状况进行相应的肥水管理，生长势弱的，追施复合肥 7.5～10 千克/亩，该时期雨水较多，注意排水，加强炭疽病和叶蜂等病虫害的防治；结薯期管理注意追肥和修剪；后期加强肥水管理和零余子的处理。

7. 适时收获

山药地上部茎叶老化变黄，薯块膨大充实，薯皮老熟，此时即可收获。采收时，首先用小型锄头从山药头部顺着套管方向将土壤轻轻扒开，让山药裸露出来，注意不要使山药和硬质材料破损，然后用手轻轻将山药拿起来，根据用途需要分别堆放或运输。为便于储藏和长途运输，收获时，最好选择晴天上午采收，并将薯块就地晾晒 2～3 小时，使其表皮干爽，然后再进行分级包装、储运。

三　技术效果

山药定向结薯栽培技术免除了传统技术栽培和采收均需要深沟挖掘的环节，采用硬质材料改变山药块茎垂直生长的习性，人为地定向引导其靠近垄面土层具有一定斜度地生长，减轻了劳动强度，提高了效率，大幅度地提高了单产。

第二节　紫山药标准化栽培技术

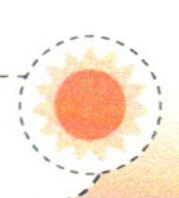

一　适宜地区

近年来，随着山药品种南薯北移、北种西扩等品种布局策略，山药品种推广区域得到了扩展，徐农紫药等紫山药品种除了在河北、山东、河南和江苏等地推广应用以外，逐步向新疆、宁夏、甘肃和陕西等地推广应用，因此紫山药标准化栽培技术的适宜地区也相应推广到上述区域，各地区可根据当地的实际情况参考使用。

二 技术要点

1. 地块的准备

选择土层深厚，富含有机质，保肥保水能力强，排灌良好的沙壤土种植山药。

起垄前施入基肥（施肥量参照：每亩 900 千克干鸡粪、100 千克腐殖酸钾或氮磷钾复合肥）。用鲜粪作为基肥时，应先腐熟，并用杀虫剂防治虫害。用旋耕机把土、肥混匀并平整土地，播种前 5～6 天浇透水，播种前起垄，垄宽 85 厘米，垄高 30 厘米。

2. 种薯的处理

紫山药块茎有顶端生长优势，一般使用健康种薯带皮切块种植，每块重量为 50～75 克，并都应带有顶芽，切口蘸上草木灰、生石灰加代森锰锌（2.5 千克草木灰、2.5 千克生石灰加 200 克代森锰锌，混匀），晒 1～2 小时，然后在室内存放 2～3 天，待切面愈合后播种。

3. 播种

山东、河北、河南等地一般在 4 月中旬开始直播，种植密度为 3000～3500 株/亩，行距 85 厘米，株距 20 厘米，播种时薯皮面朝下，覆 3 厘米厚的土。其他地区可根据当地实际情况，适当调整播种期和种植密度。

4. 田间管理

（1）肥水管理 紫山药积水易引起薯块腐烂，生育期内要保持田内无积水。紫山药是喜肥作物，结合中耕除草，追肥 2～3 次。当苗高达 15 厘米左右时，结合中耕除草进行第 1 次追肥，用尿素 15 千克/亩浇施，促进枝叶繁茂。8 月底是薯块生长膨大的关键期，重施钾肥膨大块茎或三元复合肥，此期若遇干旱可灌一次跑马水，以满足块茎膨大对肥水的需求。

（2）整枝、搭架、引蔓 出苗后，留强健主芽1~2个，抹除其余赘芽，以减少养分损失。紫山药可不搭架，或者在蔓长30~50厘米时，选用2.2~2.5米长的竹竿搭架，并及时引蔓上架。

（3）除草与控秧 草害严重的田块，在晴天时进行人工除草。薯蔓生长中期，如果地上部有旺长的趋势，可采用多效唑控苗。每亩用15%多效唑可湿性粉剂70克兑水50千克喷施。

（4）病虫害防治 病虫害防治要点如下：

1）病害防治：与其他作物轮作1~2年；选用无病田块留种；及时排除田间积水；在种薯切块后及时用甲基托布津浸种消毒。菌核病发病初期用40%菌核净1000倍液喷雾防治。炭疽病用10%世高（苯醚甲环唑）水分散粒剂50克/亩，或25%使百克（咪鲜胺）乳油1500倍液，或80%代森锰锌可湿性粉剂700倍液喷雾防治，每7~10天喷药1次，连喷2~3次。

2）虫害防治：用5%锐劲特1500倍液或10%除尽1000倍液喷雾防治斜纹夜蛾；用10%吡虫啉1000倍液或3%莫比朗2000倍液喷雾防治蚜虫；用90%敌百虫晶体500倍液加10%吡虫啉1000倍液喷雾防治地老虎。喷药时间应在晴天15：00后进行，防治地老虎要对准植株基部喷药。

（5）收获与储藏 为抢占市场，一般9月中下旬开始陆续采收上市，到初霜来临之前结束。紫山药对低温敏感，储藏期低于12℃时易受冷害，冻伤部位用手指轻压感觉有弹性，切开时肉质变异，出现水渍状，失去食用价值。储藏时可用5%甲基托布津溶液浸泡5分钟，晾干后再储藏。

三 技术效果

紫山药富含花青素，用途广泛，营养保健价值高，可降低血压、血糖，抗衰益寿，健脑益智，增强人体免疫力。近年来，紫山药市场逐渐扩大，紫山药种植面积也逐步扩大，传统的栽培技术不能适应紫山药生长的需要，紫山药标准化栽培技术是专门针对紫山药集成的新技术，在各地推广应用过程中也获得了较好的效果，产量、品质得到了进一步提升，栽培效益也得到了提高。

第三节　山药抗重茬标准化栽培技术

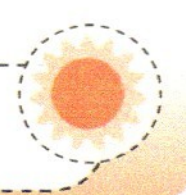

一　适宜地区

山药抗重茬标准化栽培技术于南方和北方地区均适用。山药在南北方重茬种植均可导致产量大幅度下降，抗重茬栽培技术已在山东、甘肃、江西、江苏、广西等地推广应用，其他山药种植区域可根据当地栽培习惯选择应用该技术，达到提高产量的目的。

二　山药重茬减产的原因

（1）山药重茬引发病害　山药重茬2年以上的，土壤中病原菌明显增多，以线虫病、根腐病和黑斑病为主。

（2）山药重茬造成土壤板结　重茬山药造成土壤物理结构发生变化，土壤板结，通透性差，土壤有益微生物减少，养分失调，影响山药块茎膨大，造成减产。

（3）山药存在自毒现象　山药自毒现象是造成重茬山药减产的另一个主要原因。

三　山药重茬栽培应注意的问题

（1）合理轮作　解决山药重茬最有效的措施是合理轮作，一般与玉米、小麦、萝卜和西瓜等作物轮作3~5年，有条件的地方，可实行水旱轮作。

（2）选用抗重茬品种　因地制宜地选择高产、抗病、抗重茬山药品种，可减轻重茬对山药产量和品质造成的影响。

（3）耕翻土壤　合理耕作，深翻改土，可有效地减轻山药重茬造成的土壤板结、肥力下降等问题。

(4) 土壤处理和合理施肥 利用生石灰或其他具有杀菌性的农药，对重茬土壤进行撒施，调节 pH，杀灭病原菌和害虫，可有效提高重茬山药的产量。

四 技术要点

(1) 晒种 用竹刀在成品山药头部截取 200～400 克，用 80% 代森锰锌可湿性粉剂 14～16 千克/公顷与水 37.5 千克/公顷混匀，用刷子涂匀山药断面，使断面上形成一层药膜，然后自然晾晒至深褐色。

(2) 催芽 把 25% 阿米西达悬浮剂按 1.4～1.6 千克/公顷与水 375 千克/公顷混匀，喷在种薯上，每天喷 1 次，连续喷 4～7 天，白天盖草苫子，晚上揭开催芽，得预处理的山药栽子。

(3) 整地 种植前 3～5 天整地，结合施肥（豆饼）撒施 20% 乙酸铜可湿性粉剂 16～20 千克/公顷。

(4) 种植 4 月中下旬、地温在 10℃以上时，在山药垄上开一条深 15～22 厘米的沟；沟内均匀撒施 5% 地虫净颗粒剂 28～32 千克/公顷，并把农药与土混匀；在沟内撒施复合生物菌肥 700～800 千克/公顷，将预处理的山药栽子播种于待栽地块，覆土。

(5) 喷药 山药茎蔓爬满架时，用 50% 多菌灵可湿性粉剂 0.7～0.8 千克/公顷与水 187.5 千克/公顷混匀，叶面喷施；山药生长中期，用 80% 代森锰锌可湿性粉剂 0.7～0.8 千克/公顷与水 187.5 千克/公顷混匀，进行叶面喷施，隔 15 天喷 1 次，连续喷 3～4 次；盛花期，用 80% 代森锰锌可湿性粉剂 0.7～0.8 千克/公顷加含氨基酸水溶肥料 2.0～2.5 千克/公顷，与水 187.5 千克/公顷混匀，进行叶面喷施，隔 7 天喷 1 次，连续喷 2 次；后期，用 90% 代森锰锌可湿性粉剂 0.7～0.8 千克/公顷与水 187.5 千克/公顷混匀，进行叶面喷施，隔 15 天喷 1 次，连续喷 1～2 次。

五 技术效果

针对重茬减产严重的问题，提出的抗重茬标准化栽培技术，采用

抗重茬药剂浸种和土壤消毒灯方法，配合相应的栽培技术措施，可避免或降低重茬对山药生长的影响，提高山药的产量。

第四节 其他栽培实例

一 嘉祥细毛长山药标准化栽培技术

1. 栽培历史

嘉祥细毛长山药是山东省嘉祥县疃里镇的名特产之一，有着600多年的栽培历史，在国内外市场上久负盛名，曾于1985年在北京参加全国名特稀优新农产品展览被评为山东省蔬菜优质产品，并被编入《山东农业名产》一书，1989年在全国农特产博览会上被农业部定名为嘉祥县疃里细毛长山药，1990年被定为北京亚运会专用食品之一，2003年被农业部定名为疃里细毛长山药。2008年，“明豆”牌细毛长山药被农业部认证为绿色食品。

2. 生产概况

嘉祥疃里细毛长山药栽培历史悠久，最早在疃里镇董家村、大刘村等个别村庄种植，后逐步扩大到疃里镇的几个村，种植面积不断扩大，到2007年已发展种植面积达8000亩。单位面积产量：一般亩产山药1000多千克，高产可达1500千克以上；零余子一般亩产300千克，高产可达500千克以上。

3. 加工经销

近年来疃里镇山药种植户自发组织成立了嘉祥县明豆山药种植专业合作社，并已注册了“明豆”牌商标和绿色食品认证。产品扬名大江南北，远销泰国、新加坡、日本、美国和德国等18个国家，年生产销售总量达10多万吨，年创产值近2000万元。

4. 基地标准化建设

2009年在嘉祥县进行了细毛长山药标准化栽培技术的推广，主要围绕机械挖沟栽培和打洞栽培，其中以机械挖沟栽培为主，基地建设面积达 300 亩，2009 ~ 2010 年基地山药平均亩产 2500 斤（1 斤 = 500 克），市场批发价格为 10 元/千克，山药销售以国内市场为主，主要销往北京和深圳等地。

二　寿光市大和长芋山药标准化栽培技术

1. 基地标准化建设

2009 年在潍坊的寿光市和青州市进行了日本大和长芋山药标准化栽培技术的推广，主要围绕机械挖沟栽培和打洞栽培，其中以机械挖沟栽培为主，基地建设面积达 1000 亩，与诸城中康食品有限公司和潍坊长江农业有限公司合作，将已收获山药的 70% 出口至日本。诸城中康食品有限公司主要出口山药泥，潍坊长江农业有限公司主要出口光山药，2007 ~ 2008 年度企业收购山药的价格为 4.5 元/千克，2008 ~ 2009 年度为 9 元/千克。

2. 病虫害防治

2008 年山东省山药炭疽病危害较重，而生产基地栽前用 50% 多菌灵可湿性粉剂 800 ~ 1000 倍液或高锰酸钾 1000 ~ 1200 倍液浸种 15 分钟或喷洒，有效地避免了种苗带菌。生长中期采用 70% 甲基托布津可湿性粉剂 800 ~ 1000 倍液和 25% 炭特灵可湿性粉剂 500 倍液交替喷雾处理，有效地控制了病害的发生，保证了山药的产量和品质。2009 年由于山药生长季气候干旱，山药炭疽病发病较轻，日本大和长芋平均单产在 2500 千克/亩左右，农民每亩均净收入在 1 万元以上。

参考文献

[1] 韦本辉，等. 中国淮山药栽培［M］. 北京：中国农业出版社，2013.

[2] 中国科学院中国植物志编辑委员会. 中国植物志（第十六卷第一分册）［M］. 北京：科学出版社，1985.

[3] 肖培根，杨世林. 山药穿山龙［M］. 北京：中国中医药出版社，2001.

[4] 黄文华. 山药无公害标准化栽培［M］. 北京：中国农业出版社，2005.

[5] 刘新裕. 药食两用之山药［J］. 科学发展，2003，364：13-15.

[6] 聂凌鸿，宁正祥. 山药的开发利用［J］. 中国野生植物资源，2002，21（5）：17-19.

[7] 韦发南，邹贤桂. 广西薯蓣科植物分类研究［J］. 广西植物，1998，18（3）：213-215.

[8] 韦威泰，韦本辉，甘秀芹，等. 桂淮2号山药（淮山）叶芽营养及可食性分析［J］. 中国蔬菜，2004（5）：7-8.

[9] 赵冰. 山药栽培新技术［M］. 北京：金盾出版社，2010.

[10] 张海燕，赵智中，刘栓桃. 山药芋头栽培答疑［M］. 济南：山东科学技术出版社，2012.

[11] 刘栓桃，赵智中，张海燕. 山药芋头高效栽培技术［M］. 济南：山东科学技术出版社，2012.

[12] 蔡金辉，严渐子，黄晓辉，等. 山药品种资源的分类研究［J］. 江西农业大学学报，1999，21（1）：53-57.

[13] 洪艳平，胡瑞芬，徐明生，等. 一种山药综合利用的加工工艺：200710068184.5［P］. 2007-04-20.